教育部职业教育与成人教育司推荐教材
中等职业教育技能型紧缺人才教学用书

防水工程施工

(建筑施工专业)

本教材编审委员会组织编写
主编　方世康

中国建筑工业出版社

图书在版编目（CIP）数据

防水工程施工/本教材编审委员会组织编写．—北京：中国建筑工业出版社，2006
教育部职业教育与成人教育司推荐教材
中等职业教育技能型紧缺人才教学用书
ISBN 978-7-112-08078-6

Ⅰ．防…　Ⅱ．本…　Ⅲ．建筑防水-工程施工-高等学校：技术学校-教材　Ⅳ．TU761.1

中国版本图书馆 CIP 数据核字（2005）第 032042 号

本书以有关国家现行标准、规范为依据，按照防水施工项目的操作程序，介绍了建筑防水工程中的常用防水构造、防水材料、防水施工机具、施工条件和质量检验标准；并详细介绍了卷材防水、涂膜防水和刚性防水屋面的施工操作工艺过程和地下工程卷材防水和涂膜防水施工方法；为帮助学习者建立实际操作概念和积累实际专业工作经验，本书有专为掌握常用防水施工技术而设计的实践训练操作课题。

本书既能用于建筑施工专业职业教育用书又能满足岗位准入培训用书的要求，本书也适用于施工监理及自学用书。

*　*　*

责任编辑：朱首明　刘平平
责任设计：董建平
责任校对：关　健　刘　梅

教育部职业教育与成人教育司推荐教材
中等职业教育技能型紧缺人才教学用书
防水工程施工
（建筑施工专业）
本教材编审委员会组织编写
主编　方世康
*
中国建筑工业出版社出版、发行（北京西郊百万庄）
各地新华书店、建筑书店经销
霸州市顺浩图文科技发展有限公司制版
北京建筑工业印刷厂印刷
*
开本：787×1092毫米　1/16　印张：8½　字数：204千字
2006年5月第一版　2014年7月第五次印刷
定价：**14.00**元
ISBN 978-7-112-08078-6
(14032)
版权所有　翻印必究
如有印装质量问题，可寄本社退换
（邮政编码 100037）

本教材编审委员会名单
（建筑施工专业）

主 任 委 员：白家琪

副主任委员：胡兴福　诸葛棠

委　　　员：（按姓氏笔画为序）

丁永明　于淑清　王立霞　王红莲　王武齐
王宜群　王春宁　王洪健　王　琰　王　磊
方世康　史　敏　冯美宇　孙大群　任　军
刘晓燕　李永富　李志新　李顺秋　李多玲
李宝英　李　辉　张永辉　张若美　张晓艳
张道平　张　雄　张福成　邵殿昶　林文剑
周建郑　金同华　金忠盛　项建国　赵　研
郝　俊　南振江　秦永高　郭秋生　诸葛棠
鲁　毅　廖品槐　缪海全　魏鸿汉

出版说明

为深入贯彻落实《中共中央、国务院关于进一步加强人才工作的决定》精神，2004年10月，教育部、建设部联合印发了《关于实施职业院校建设行业技能型紧缺人才培养培训工程的通知》，确定在建筑（市政）施工、建筑装饰、建筑设备和建筑智能化四个专业领域实施中等职业学校技能型紧缺人才培养培训工程，全国有94所中等职业学校、702个主要合作企业被列为示范性培养培训基地，通过构建校企合作培养培训人才的机制，优化教学与实训过程，探索新的办学模式。这项培养培训工程的实施，充分体现了教育部、建设部大力推进职业教育改革和发展的办学理念，有利于职业学校从建设行业人才市场的实际需要出发，以素质为基础，以能力为本位，以就业为导向，加快培养建设行业一线迫切需要的技能型人才。

为配合技能型紧缺人才培养培训工程的实施，满足教学急需，中国建筑工业出版社在跟踪“中等职业教育建设行业技能型紧缺人才培养培训指导方案”（以下简称“方案”）的编审过程中，广泛征求有关专家对配套教材建设的意见，并与方案起草人以及建设部中等职业学校专业指导委员会共同组织编写了中等职业教育建筑（市政）施工、建筑装饰、建筑设备、建筑智能化四个专业的技能型紧缺人才教学用书。

在组织编写过程中我们始终坚持优质、适用的原则。首先强调编审人员的工程背景，在组织编审力量时不仅要求学校的编写人员要有工程经历，而且为每本教材选定的两位审稿专家中有一位来自企业，从而使得教材内容更为符合职业教育的要求。编写内容是按照“方案”要求，弱化理论阐述，重点介绍工程一线所需要的知识和技能，内容精炼，符合建筑行业标准及职业技能的要求。同时采用项目教学法的编写形式，强化实训内容，以提高学生的技能水平。

我们希望这四个专业的教学用书对有关院校实施技能型紧缺人才的培养具有一定的指导作用。同时，也希望各校在使用本套书的过程中，有何意见及建议及时反馈给我们，联系方式：中国建筑工业出版社教材中心（E-mail：jiaocai@cabp.com.cn）。

中国建筑工业出版社
2006年6月

前　言

根据中等职业学校建设行业技能型紧缺人才培养培训指导方案和建筑市场的实际需求，为提高学习者的职业实践能力和职业素养，倡导以学生为中心的教育培训理念，帮助学生建立实际操作概念和积累实际专业工作经验，突出职业教育的特色。

本教材正是根据建设行业的客观需求及劳动力市场的特点，同时还考虑了不同地区经济、技术、社会和职业教育与培训的发展水平进行编写的。

本书以操作程序为主线，以防水操作项目为单元，以操作工艺为重点进行编写，同时兼有防水操作项目施工前、后的相关要求和国家标准等内容。

本书详述了目前建筑工程市场上最常使用的各种防水材料、构造和施工方法，并有专为掌握这些常用防水施工技术与技能而设计的实训课题，既适用于建筑施工专业职业教育用书又能满足岗位准入培训用书的要求。

本书特点是针对性、实用性强，图文并茂，语言通俗易懂。

本教材的教学学时数为40＋1周学时，各单元及课题、实训用学时的分配见下表（仅供参考）。

单元编号	知识单元名称	课题数	实训课题数	学时数	
				讲授	实训
1	建筑防水及其分类与等级	3	—	2	—
2	防水材料	5	1	2	2
3	屋面防水工程施工	3	5	18	18
4	地下防水工程施工	2	2	12	4
5	楼层厕浴间及厨房间防水工程施工	1	1	6	4
Σ		14	9	40	28

本教材由天津市建筑工程学校高级讲师方世康主编。其中单元4由天津市第三建筑工程公司高级工程师王立斋编写；单元1、单元2、单元3、单元5由方世康编写。本教材由内蒙古建筑职业技术学院高级讲师郝俊和四川省建筑科学研究院高级工程师王宜群主审。

由于编者水平有限，书中难免存在缺点和不足之处，恳请读者批评指正。

目　录

单元1　建筑防水及其分类与等级

知 识 点：建筑防水概念；建筑防水分类；国家标准《屋面工程质量验收规范》和《地下防水工程质量验收规范》中的防水材料要求、建筑物防水构造、防水施工及其操作知识。

教学目标（能力要求）：知晓建筑防水概念；比较清楚地了解建筑防水分类；熟悉国家标准《屋面工程质量验收规范》和《地下防水工程质量验收规范》中规定的屋面防水和地下工程防水设防的等级。

课题1　建筑防水概念

建筑防水主要指房屋建筑物的防水。

建筑物防水的作用是，为防止雨水、地下水、工业与民用给排水、腐蚀性液体以及空气中的湿气、蒸汽等对建筑物某些部位的渗透侵入；实现的途径是从建筑材料上和构造上采取相应的措施，并经过防水施工的实际操作来实现。

建筑物需要进行防水处理的部位主要是：屋面、外墙面、厕浴间楼地面和地下室。这些部位易于出现渗漏，与其所处的环境与条件有关，因而出现渗漏的程度不尽相同。从渗漏的程度区分，“渗”指建筑物的某一部位在一定面积范围内被水渗入并扩散，出现水印或处于潮湿状态；“漏”则指建筑物的某一部位在一定面积范围内或局部区域内被较多水量渗入，并从孔、缝中滴出，形成线漏、滴漏，甚至出现冒水、涌水现象。

建筑防水的功能要求是，采用有效、可靠的防水材料和技术措施，保证建筑物某些部位免受水的侵入和不出现渗漏水现象，保护建筑物具有良好、安全的使用环境、使用条件和使用年限。

建筑防水施工在整个建筑工程中虽然属于分部、分项工程，但按其特点又具有相对独立性。建筑防水技术在建筑工程中占有重要地位。

建筑防水技术是一项综合技术性很强的系统工程，涉及防水设计的技巧、防水材料的质量、防水施工技术的高低，以及防水工程全过程包括使用过程中的管理水平等。只有做好这些环节，才能确保建筑防水工程的质量和耐用年限。

课题2　建筑防水的分类

建筑防水按其采取的措施和手段不同，分为材料防水和构造防水两大类，其分类如图1-1所示。

2.1　材料防水

材料防水是依靠防水材料经过施工形成整体封闭防水层阻断水的通路，以达到防水的

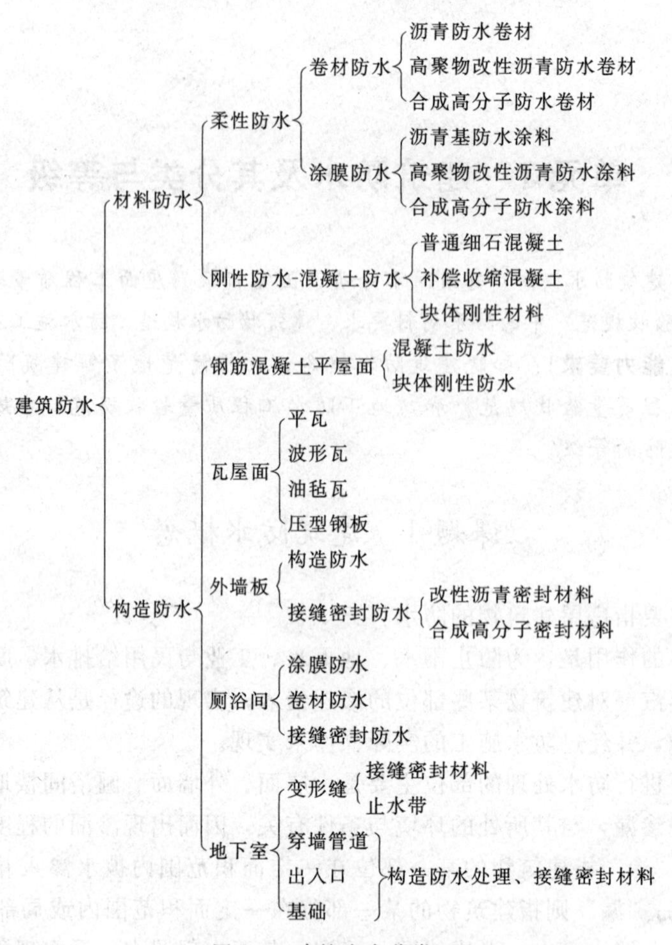

图 1-1　建筑防水分类

注：1. 在大多数防水工程中，材料防水和构造防水结合使用；
2. 表中材料防水和构造防水分类所用的材料仅在一处表示。

目的或增强抗渗漏水的能力。

材料防水按采用防水材料的不同，又分为柔性防水和刚性防水两大类。柔性防水又分卷材防水和涂膜防水，均采用柔性防水材料，主要包括各种防水卷材和防水涂料，经施工将其铺贴或涂布在防水工程的迎水面，达到防水目的。刚性防水主要指混凝土防水，其采用的材料主要有普通细石混凝土、补偿收缩混凝土和块体刚性材料等，混凝土防水是依靠增强混凝土的密实性及采取构造措施达到防水目的。

2.2　构造防水

构造防水是采取正确与合适的构造形式和构造措施阻断水的通路和防止水侵入室内的统称。如对各类接缝，各种部位、构件之间设置的温度缝、变形缝，以及节点细部构造的防水处理均属构造防水。构造防水有以下一些基本做法：

平屋面工程采用混凝土防水或块体刚性防水时，除依靠基面坡度排水外，防水面层设置分格缝，在所有节点构造部位设置变形缝，并在所有缝间嵌填密封材料和铺设柔性防水材料进行处理，可适应由于基层结构应力和温度应力产生结构层变形出现开裂引起的渗漏。

大型墙板的板缝采用空腔防水是防水处理的一种形式。空腔防水有垂直缝、滴水水平缝和企口平缝等构造形式。它可使板缝内部的空腔利用垂直和水平减压的作用，借助水的重力，切断板缝的毛细管通路，以排出雨水。

地下室变形缝的防水处理，通常视水压的高低、有无受侵蚀和经受高温的条件，选用各种填缝材料、嵌缝材料以及橡胶、塑料、紫铜板和不锈钢板制成的止水带，组成能适应沉降、伸缩的构造，以达到防水的目的。

课题3 建筑防水等级

3.1 屋面防水等级和设防要求

国家标准《屋面工程质量验收规范》GB 50207—2002 按建筑物类别，将屋面防水的设防要求分为4个等级，见表1-1。

屋面防水等级和设防要求 **表1-1**

项目	屋面防水等级			
	Ⅰ	Ⅱ	Ⅲ	Ⅳ
建筑物类型	特别重要或对防水有特殊要求的建筑	重要的建筑和高层建筑	一般的建筑	非永久性的建筑
防水层合理使用年限	25年	15年	10年	5年
防水层选用材料	宜选用合成高分子防水卷材、高聚物改性沥青防水卷材、金属板材、合成高分子防水涂料、细石混凝土等材料	宜选用高聚物改性沥青防水卷材、合成高分子防水卷材、金属板材、合成高分子防水涂料、细石混凝土、平瓦、油毡瓦等材料	宜选用三毡四油沥青防水卷材、高聚物改性沥青防水卷材、合成高分子防水卷材、金属板材、高聚物改性沥青防水涂料、合成高分子防水涂料、细石混凝土、平瓦、油毡瓦等材料	可选用二毡三油沥青防水卷材、高聚物改性沥青防水涂料等材料
设防要求	三道或三道以上防水设防	二道防水设防	一道防水设防	一道防水设防

3.2 地下工程防水等级和防水标准

国家标准《地下防水工程质量验收规范》GB 50208—2002 按地下工程围护结构防水要求，分为4个防水等级，见表1-2。其中工业与民用建筑的地下室，按其用途性质均应达到一级或二级防水标准。

地下工程防水等级标准 **表1-2**

防水等级	标准
1级	不允许渗水，结构表面无湿渍
2级	不允许漏水，结构表面可有少量湿渍 工业与民用建筑：湿渍总面积不大于总防水面积的1‰，单个湿渍面积不大于0.1m^2，任意100m^2防水面积不超过1处 其他地下工程：湿渍总面积不大于总防水面积的6‰，单个湿渍面积不大于0.2m^2，任意100m^2防水面积不超过4处
3级	有少量漏水点，不得有线流和漏泥砂 单个湿渍面积不大于0.3m^2，单个漏水点的漏水量不大于2.5L/d，任意100m^2防水面积不超过7处
4级	有漏水点，不得有线流和漏泥砂 整个工程平均漏水量不大于2L/(m^2·d)，任意100m^2防水面积的平均漏水量不大于4L/(m^2·d)

复习思考题

1. 建筑物防水的作用是什么？如何实现？
2. “渗”与“漏”是否相同？分别说明其含义。
3. 建筑防水的功能要求是什么？
4. 什么是材料防水？
5. 什么是构造防水？
6. 说出三种以上柔性防水施工方法。
7. 说出三种以上刚性防水施工方法。
8. 屋面防水的设防分为几个等级？分别说明其建筑物类别。
9. 地下工程围护结构防水分为几个防水等级？分别说明其标准。

单元2 防水材料

知识点：防水材料的种类：防水卷材；防水涂料；密封材料；刚性防水材料；堵漏止水类材料。

教学目标（能力要求）：了解防水卷材、防水涂料、密封材料、刚性防水材料、堵漏止水类材料的分类；知晓常用防水材料的一般特点；比较熟练的掌握常用的几种防水材料。

课题1 防水卷材

按原材料性质分类的防水卷材主要有：沥青防水卷材、高聚物改性沥青防水卷材和合成高分子防水卷材三大类。其分类和常用的品种如图2-1所示。

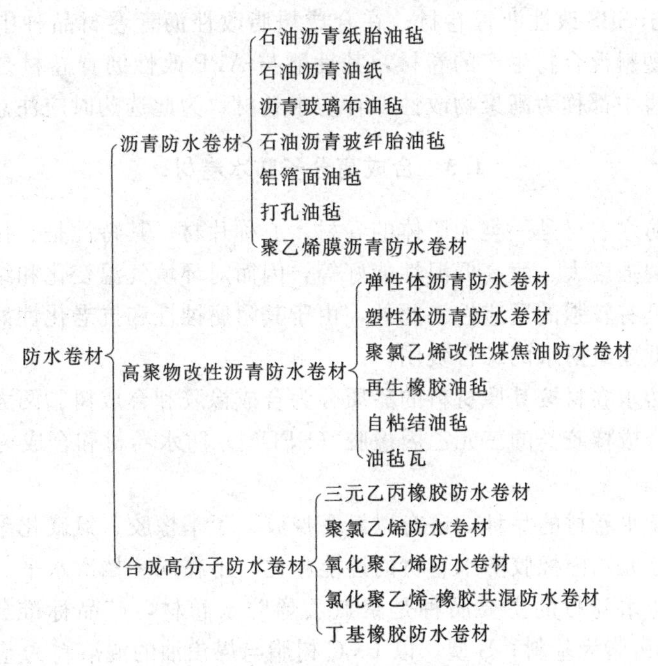

图2-1 防水卷材的分类和常用品种

1.1 沥青防水卷材

沥青防水卷材的传统产品是石油沥青纸胎油毡。按油毡胎体单位面积重量分为200号、350号、500号三种规格；按物理性能不同分为优等品、一等品与合格品三个等级。其中350号油毡的合格品是我国纸胎油毡中产量最大、应用最多的一个品种。这种油毡由于沥青和胎体材料性能的限制，低温柔度只有18℃，拉力强度低，难以适应基层结构与温度的伸缩变形。为改善其物理性能，一些企业已使用玻纤胎体浸涂催化氧化沥青生产石油沥青玻纤胎油毡来替代石油沥青纸胎油毡。

1.2 高聚物改性沥青防水卷材

该卷材使用的高聚物改性沥青，指在石油沥青中添加聚合物，以改善沥青的感温性差、低温易脆裂、高温易流淌等不足。用于沥青改性的聚合物较多，有以 SBS（苯乙烯-丁二烯-苯乙烯合成橡胶）为代表的弹性体聚合物和以 APP（无规聚丙烯合成树脂）为代表的塑性体聚合物两大类。卷材的胎体主要使用玻纤毡和聚酯毡等高强材料。主要品种有：SBS 改性沥青防水卷材和 APP 改性沥青防水卷材两种。

SBS 防水卷材的特点是，低温柔性好，弹性和延伸率大，纵横向强度均匀性好，不仅可以在低寒、高温气候条件下使用，并在一定程度上可以避免结构层由于伸缩开裂对防水层构成的威胁。APP 防水卷材的特点则是，耐热度高、热熔性好，适合热熔法施工，因而更适用于高温气候或有强烈太阳辐射地区的建筑屋面防水。由于高聚物在沥青中的掺量有严格规定，在选用这两种防水卷材时，必须按行业标准对其物理性能进行检验。

在合成橡胶改性沥青卷材品种中，还有以再生橡胶、丁苯橡胶、丁基橡胶改性沥青的卷材，其性能差于 SBS 改性沥青卷材；在合成树脂改性沥青卷材品种中，有掺用性能较差的树脂或废旧塑料混合物生产的卷材，其性能与 APP 改性沥青卷材是不能相比的。但是这些卷材在销售中都称为高聚物改性沥青防水卷材，为此选购时应注意鉴别。

1.3 合成高分子防水卷材

合成高分子防水卷材是一类无胎体的卷材，亦称片材。其特性是：拉伸强度大、断裂伸长率高、抗撕裂强度大、耐高低温性能好等，因而对环境气温变化和结构基层伸缩、变形、开裂等状况具有较强的适应性。此外，由于其耐腐蚀性和抗老化性好，可以延长卷材的使用寿命，降低建筑防水的综合费用。

合成高分于防水卷材按其原材料的品质分为合成橡胶和合成树脂两大类。当前最具代表性的产品是：合成橡胶类的三元乙丙橡胶（EPDM）防水卷材和合成树脂类的聚氯乙烯（PVC）防水卷材。

合成橡胶类防水卷材的品种，还有以氯丁橡胶、丁基橡胶、氯磺化聚乙烯等为原料生产的卷材，但与三元乙丙橡胶防水卷材的性能相比，不在同一档次水平。

合成树脂类防水卷材的主要品种是聚氯乙烯防水卷材，产品标准分为两种型号：P 型，以增塑 PVC 树脂为基料；S 型，以 PVC 树脂与煤焦油的混溶料为基料。这两种型号的卷材，因原材料品质不同，性能差异很大。S 型产品因大多使用废旧塑料为原料，成分极不稳定，性能指标甚至远低于再生橡胶类防水卷材。所以，真正意义上的 PVC 防水卷材是 P 型产品。其他合成树脂类防水卷材，如氯化聚乙烯、高密度聚乙烯防水卷材等，也存在与 PVC 防水卷材档次不同的问题。

此外，我国还研制出多种橡塑共混防水卷材，其中氯化聚乙烯—橡胶共混防水卷材具有代表性，其性能指标接近三元乙丙橡胶防水卷材。由于原材料与价格有一定优势，推广应用量正逐步扩大。

课题2 防水涂料

建筑防水涂料是在常温下呈无定形液态，经涂布（如喷涂、刮涂、滚涂或涂刷作业）后，能在基层表面固化，形成具有一定弹性的防水膜物质。

建筑防水涂料的种类与品种较多，其分类和常用的品种如图2-2所示。

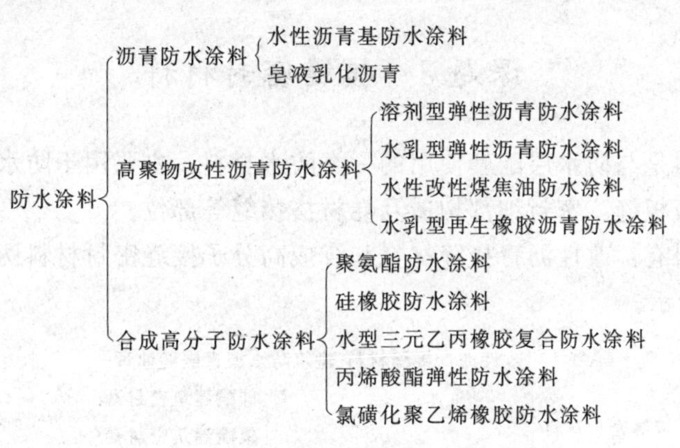

图2-2 防水涂料的分类和常用品种

2.1 沥青防水涂料

该类涂料的主要成膜物质是以乳化剂配制的乳化沥青和填料组成。在Ⅲ级防水屋面上单独使用时的厚度不应小于8mm，每平方米的涂布量约需8kg，因而需多遍涂抹。由于这类涂料的沥青用量大、含固量低、弹性和强度等综合性能较差，已越来越少用于防水工程。

2.2 高聚物改性沥青防水涂料

该类涂料的品种有以化学乳化剂配制的乳化沥青为基料，掺加氯丁橡胶或再生橡胶水乳液的防水涂料；有众多的溶剂型改性沥青涂料，如氯丁橡胶沥青涂料、SBS橡胶沥青涂料、丁基橡胶沥青涂料等。

从这类防水涂料的性能来看，无论是水乳型的，还是溶剂型的，涂料的物理性能差异不大，基本上都属于中低档次水平。由于一些生产企业经常将改性材料的掺加量随意变动，造成产品性能不稳定或下降，而在涂料外观上很难察觉，因此对进场的涂料必须按标准严格检验。

2.3 合成高分子防水涂料

该类涂料有：水乳型、溶剂型和反应型三种。其中综合性能较好的品种是反应型的聚氨酯防水涂料。

聚氨酯防水涂料是以甲组分（聚氨酯预聚体）与乙组分（固化剂）按一定比例混合的双组分涂料。我国生产的品种有：聚氨酯防水涂料（不掺加焦油）和焦油聚氨酯防水涂料两种。聚氨酯防水涂料大多为彩色，固体含量高，具有橡胶状弹性，延伸性好，拉伸强度和抗撕裂强度高，耐油、耐磨、耐海水侵蚀，使用温度范围宽，涂膜反应速度易于调整，因而是一种综合性能好的高档防水涂料，但其价格也较高。焦油聚氨酯防水涂料为黑色，有较大臭感，反应速度不易调整，性能易出现波动。由于焦油对人体有害，故这种涂料不能用于冷库内壁和饮水工程。室内施工时应采取通风措施。

在合成高分子防水涂料品种中，还有硅橡胶防水涂料和丙烯酸酯防水涂料，也属于性能较好、档次较高的产品。

课题 3　接缝密封材料

接缝密封材料是与防水层配套使用的一类防水材料，主要用于防水工程嵌填各种变形缝、分格缝、墙板板缝，密封细部构造及卷材搭接缝等部位。

接缝密封材料有：改性沥青接缝材料和合成高分子接缝密封材料两种，其分类和常用的品种如图 2-3 所示。

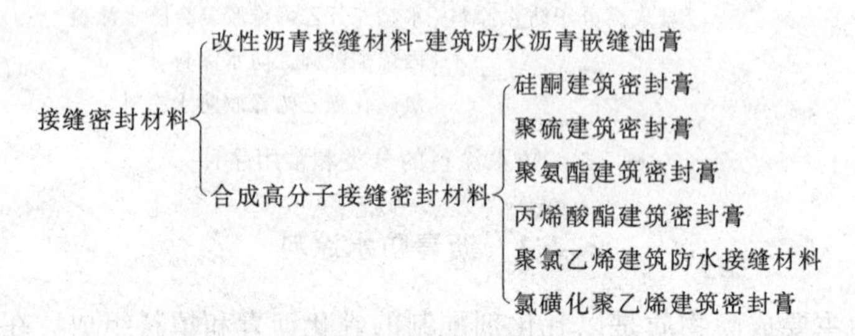

图 2-3　接缝密封材料的分类和常用品种

3.1　改性沥青接缝材料

该接缝材料是以石油沥青为基料，掺加废橡胶、废塑料作改性材料及填料等制成。因其综合性能较差，已逐渐被合成高分子类接缝密封材料所替代。

3.2　合成高分子接缝密封材料

在我国最早研制的产品称塑料油膏。它是以聚氯乙烯树脂为基料，加入适量煤焦油作改性材料及添加剂配制而成。其半成品为聚氯乙烯胶泥，成品即塑料油膏，目前仍有较多工程采用。

在当前开发的产品中，品质较高的建筑密封材料有：硅酮密封膏、聚硫密封膏、聚氨酯密封膏和丙烯酸酯密封膏。其中，聚氨酯密封膏是建筑防水接缝与密封材料的主要品种之一。聚氨酯密封膏的特性是：耐高寒，在－54℃时仍具有弹性；耐疲劳性优于其他密封膏，可承受较大的接缝位移。与聚氨酯防水涂料一样，为降低成本，目前国内生产的聚氨酯密封膏也多为焦油系列产品，因而其耐候性等指标比非焦油系列产品要差。

课题 4　防水砂浆和防水混凝土

防水砂浆和防水混凝土属于刚性防水材料，它们的主要作用是，通过掺入少量外加剂或高聚物，并调整配合比，抑制孔隙率，改善孔结构，增加原材料之间界面的密实性；或通过补偿收缩，提高抗裂能力等方法，达到防水与抗渗的目的。

使用各类防水剂等外加剂配制防水砂浆和防水混凝土的常用品种，如图 2-4 所示。由于这两种材料大都在现场配制，其材料使用要求及施工方法详见本教材单元 3 的课题 3：刚性防水屋面工程施工。

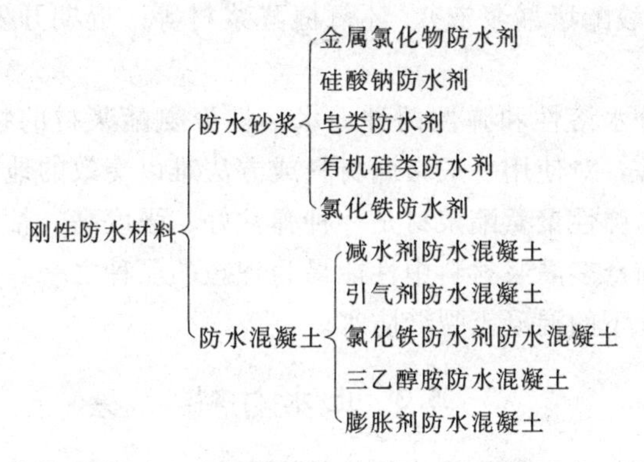

图 2-4　防水砂浆和防水混凝土的常用品种

课题 5　堵漏止水材料

堵漏止水类材料主要用于地下工程防水，分为防水剂类堵漏材料、堵漏浆液灌浆材料、止水带和遇水膨胀橡胶止水材料四类，如图 2-5 所示。

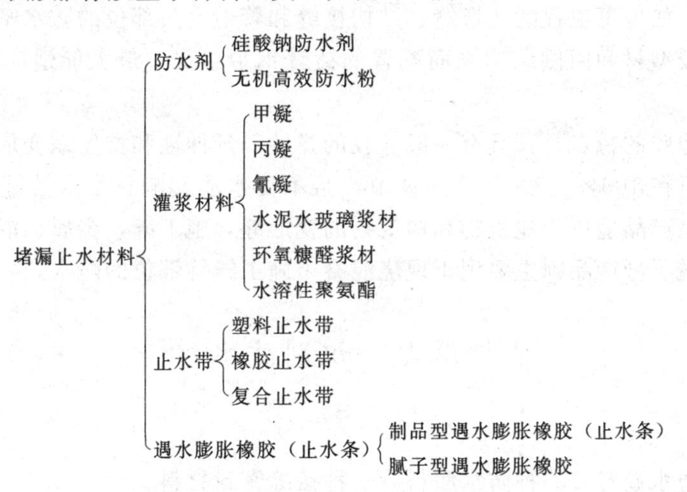

图 2-5　堵漏止水材料的分类和常用品种

5.1　堵漏材料

堵漏材料的品种有：以硅酸钠（水玻璃）为基料的硅酸钠防水剂和快燥精，以水硬性无机胶凝材料为基料的无机高效防水粉，以及水泥类的石膏—水泥堵漏材料、水泥—防水浆堵漏材料等。

目前，无机高效防水粉的市场品种较多，但这些产品的性能差异较大，表现在初凝时间相对较长，为 30min～2h 50min，终凝在 2.5～6h 之间，不能进行快速堵漏，与硅酸钠类防水剂的速凝性能相比，较适用于水压不大的渗漏部位。

5.2 灌浆材料

早期使用的灌浆材料品种有：甲凝（甲基丙烯酸甲酯堵漏浆液）、丙凝（丙烯酰胺堵漏浆液）、氰凝（异氰酸酯堵漏浆液）、环氧糠醛浆材等。近期开发使用较多的是聚氨酯浆材。

聚氨酯灌浆材料分水溶性和弹性两种。水溶性聚氨酯浆材的特点是具有良好的延伸性、弹性及耐低温性等，对使用一般堵漏材料或方法难以奏效的地下工程大流量涌水和漏水有较好的止水效果。弹性聚氨酯浆材是一种弹性好、强度高、粘结力强、室温固化的弹性体浆液，是我国目前众多灌浆材料中性能最为理想的品种之一，主要适用于地下工程变形缝和在反复变形情况下的混凝土裂缝防水。

5.3 止水材料

止水材料主要用于地下建筑物或构筑物的变形缝、沉降缝等部位的防水。目前常用的有止水带和遇水膨胀橡胶止水条等。

止水带有：橡胶止水带、塑料止水带、复合止水带等多种。其中橡胶止水带的特点是：具有较好的弹性、耐磨性和耐撕裂性；适应变形能力强，伸长率、脆性温度、稳定性等均优于塑料止水带，但硬度、强度、耐久性等不如塑料止水带；在主体结构温度超过50℃、受强烈氧化作用，及在油类物质与有机溶剂环境下不得使用。复合止水带多用于大型工程的接缝，如地下工程的变形缝、结构接缝和管道接头部位的防水密封。这种接缝是由可伸缩的橡胶型材和两侧结构立面配置的镀锌钢带组成，最大能适应 90mm 的特大变形量。

遇水膨胀橡胶的特点是：具有一般橡胶的弹性、延伸性和抗压缩变形能力；遇水后能膨胀，膨胀率可在 100%～500%之间调节，且不受水质影响；耐水性好，膨胀后仍能保持弹性。制品型产品适用于建筑物和构筑物的变形缝，施工缝，金属、混凝土等预制构件的接缝防水。腻子型产品则主要用于现浇混凝土施工缝等部位的防水。

实训课题　识别防水材料

一、材料

准备三种防水卷材，一种防水涂料，一种接缝密封材料。

二、操作内容

1. 操作项目：识别防水材料。

2. 数量：五种。

三、操作内容及要求

1. 分别指出每一种是什么材料；

2. 分别说出每一种材料的品种名称；

3. 分别说出每一种材料的特性（每一种至少答出 4 种材料特性）；

4. 分别说出每一种材料在建筑物防水构造上的使用位置。

四、考核内容及评分标准

考核内容及评分标准见表 2-1。

《识别防水材料》操作评定表　　表 2-1

序号	测定项目	满分	评定标准	检查点					得分
				1	2	3	4	5	
1	什么材料	20	每一种错扣 4 分						
2	名称	20	每一种错扣 4 分						
3	特性	30	每一种、每一项错扣 4 分						
4	使用位置	20	每一种错扣 4 分						
5	答题时间	10	限时 6 分钟，每超 1 分钟扣 5 分	开始时间：			结束时间：		

姓名：　　学号　　日期：　　教师签字：　　总分：

复习思考题

1. 防水卷材按材料性质分为哪几类？
2. 沥青防水卷材的传统产品是什么？它的特点是什么？
3. 高聚物改性沥青防水卷材的特点是什么？
4. 合成高分子防水卷材的特点是什么？
5. 建筑防水涂料有哪几类？
6. 沥青防水涂料的特点是什么？
7. 高聚物改性沥青防水涂料的特点是什么？
8. 合成高分子防水涂料的特点是什么？
9. 接缝密封材料分为哪几类？
10. 聚氨酯密封膏的特性有哪些？
11. 刚性防水材料有哪几类？它们的抗渗目的是如何实现的？
12. 堵漏止水类材料有哪几类？
13. 止水带有哪几类？
14. 说明遇水膨胀橡胶的特点。

单元3　屋面防水工程施工

知 识 点：卷材、涂膜、刚性防水屋面的防水层构造组成；防水层施工用材料的特点和质量要求；防水层施工工具；屋面防水层热玛琋脂卷材粘贴法施工和热熔法施工、涂膜防水层施工、刚性防水层施工工艺及其质量检验标准。

教学目标（能力要求）：熟悉卷材、涂膜、刚性防水屋面的构造层次组成；了解屋面卷材、涂膜、刚性防水层施工用沥青材料及其常用卷材的特点和质量要求；知晓卷材、涂膜、刚性防水层施工工具；掌握屋面卷材防水层热玛琋脂粘贴法施工和热熔法施工、涂膜防水层施工、刚性防水层施工工艺；熟练掌握热玛琋脂粘贴法施工和热熔法施工质量检验标准。

课题1　卷材防水屋面工程施工

1.1　构造详图及做法说明

卷材防水屋面是指采用防水卷材铺贴的屋面。传统的做法是用沥青胶结材料将沥青油毡逐层铺贴、粘结而成；现在，多采用热熔型防水卷材通过火焰加热器熔化卷材底部的热熔胶，将防水层铺贴、粘结到屋面找平层上，属于柔性防水技术范畴。卷材屋面的构造层次如图3-1所示。

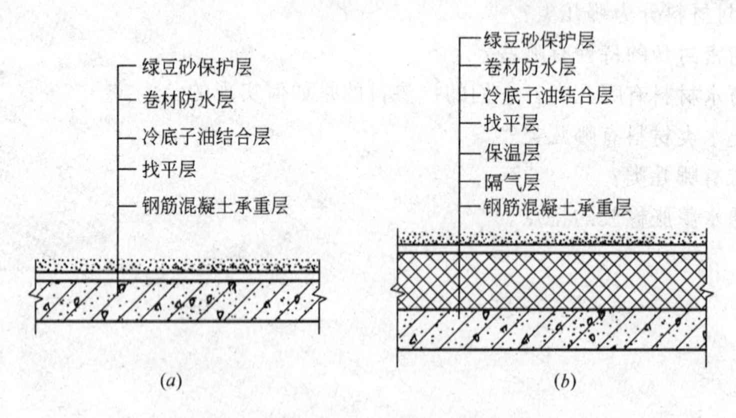

图3-1　卷材屋面构造层次示意图
(*a*) 不保温卷材屋面；(*b*) 保温卷材屋面

1.1.1　卷材防水屋面的层次组成

卷材屋面从下往上层次组成是：

(1) 结构层：起承重作用，一般为钢筋混凝土整体式屋面板或装配式屋面板（灌缝，有时需增加找平层）；

（2）隔气层：能阻止室内水蒸气进入保温层，以免影响保温效果，一般涂沥青冷底子油一道和沥青胶两道；重要建筑物也有用一毡二油铺贴；

（3）保温层：起隔热保温作用，多用板状、块状或松散状的轻质保温材料；

（4）找平层：按排水坡度的要求找平结构层或保温层的作用，便于铺设卷材，多用水泥砂浆做成，也有用沥青砂浆做找平层的；

（5）防水层：防止雨水向屋面渗透，用两毡三油或三毡四油做成；

（6）保护层：保护防水层免受外界因素影响而遭到破坏，在一道热沥青胶上撒绿豆砂一层。

具体施工有哪些层次应根据设计要求而定。

1.1.2　*一般规定*

（1）适用范围

卷材防水屋面适用于防水等级为Ⅰ～Ⅳ级的屋面防水。

屋面结构层为装配式钢筋混凝土板时，应采用细石混凝土灌缝，其强度等级不应小于C20。灌缝的细石混凝土宜掺微膨胀剂。当屋面板板缝宽度大于40mm或上窄下宽时，板缝中应设置构造钢筋。

（2）对找平层要求

找平层表面应压实平整，排水坡度应符合设计要求。采用水泥砂浆找平层时，水泥砂浆抹平收水后应二次压光，充分养护，不得有酥松、起砂、起皮现象。

基层与突出屋面结构（女儿墙、立墙、天窗壁、变形缝、烟囱等）的连接处，以及基层的转角处（水落口、檐口、天沟、屋脊等）均应做成圆弧，圆弧半径应根据卷材种类按表3-1选用。

转角处圆弧半径　　**表3-1**

卷材种类	沥青防水卷材	合成高分子防水卷材	高聚物改性沥青防水卷材
圆弧半径(mm)	100～150	20	50

内部排水的水落口周围应做成略低的凹坑。

1.2　作业条件

1.2.1　*沥青油毡卷材屋面*

（1）屋面施工前，应掌握施工图的要求，选择防水工程专业队，编制防水工程施工方案。

（2）该工艺做法郊外使用时也要在施工前向当地环保部门申请并得到批准。

（3）屋面施工应按施工工序进行检验，基层表面必须平整、坚实、干燥、清洁，且不得有起砂、开裂和空鼓等缺陷。

（4）屋面防水层的基层必须施工完毕，经养护、干燥，且坡度应符合设计和施工技术规范的要求，不得有积水现象。

（5）防水层施工前，突出屋面的管根、预埋件、楼板吊环、拖拉绳、吊架子固定构造处等，应做好基层处理；阴阳角、女儿墙、通气孔或烟囱根、天窗、伸缩缝、变形缝等处，应做成半径为150mm的圆弧或钝角。

(6) 做好材料、工具和设施的准备。

1.2.2 高聚物改性沥青卷材屋面

(1) 施工前审核图纸，编制防水工程施工方案，并进行技术交底；屋面防水必须由专业队施工，持证上岗。

(2) 铺贴防水层的基层表面，应将尘土、杂物彻底清除干净；且坡度应符合设计和施工技术规范的要求，不得有积水现象。

(3) 基层坡度应符合设计要求，表面应顺平，阴阳角处应做成圆弧形，基层表面必须干燥，含水率应不大于9%。

(4) 突出屋面的管根、预埋件、楼板吊环、拖拉绳、吊架子固定构造处等，应做好基层处理；阴阳角、女儿墙、通气孔或烟囱根、天窗、伸缩缝、变形缝等处，应做成半径为150mm的圆弧或钝角。

(5) 卷材及配套材料必须验收合格，卷材规格、技术性能必须符合设计要求及标准的规定。存放易燃材料应避开火源。

(6) 做好工具的准备工作。

1.3 施工材料及其要求

1.3.1 沥青材料

沥青是一种憎水性的有机胶结材料，不仅本身构造致密，且能与石料、砖、混凝土、砂、木料、金属等材料牢固地粘结在一起。以沥青或以沥青为主要组成的材料和制品，都具有良好的隔潮、防水、抗渗及耐化学腐蚀、电绝缘等性能，主要用于屋面、地下以及其他防水工程、防腐工程和道路工程。

(1) 石油沥青的组分

石油沥青是石油原油经蒸馏等提炼出各种石油产品（如汽油、煤油、柴油、润滑油等）以后的残留物，或再经加工而得的产品。它能溶于二硫化碳、氯仿、苯等有机溶剂中，在常温下呈褐色或黑褐色的固体、半固体或黏稠液体状态，受热后变软，甚至具有流动性。

石油沥青的主要成分是碳及氢。由于石油沥青的化学组成复杂，因此从使用角度，将沥青中化学特性及物理、力学性质相近的化合物划分为若干组，这些组即称为“组分”。石油沥青的性质随各组分含量的变化而改变。

1) 油分　油分是沥青中最轻组分（密度小于1）的淡黄色液体，能溶于大多数有机溶剂，但不溶于酒精，在石油沥青中油分含量为40%～60%。它使得沥青有流动性，其含量越大，沥青的黏度越小，越便于施工。

2) 树脂（沥青脂胶）树脂为密度大于1的黄色至黑褐色的黏稠半固体，能溶于汽油中，在石油沥青中含量为15%～30%，它赋予沥青塑性与黏性，其含量增加，沥青的塑性增大。

3) 地沥青质　地沥青质为密度大于1的深褐色至黑色固体粉末，是石油沥青中最重的组分，能溶于硫化碳和三氯甲烷，但不溶于汽油，在石油沥青中含量为10%～30%。它决定石油沥青温度敏感性并影响黏性的大小，其含量愈多，则温度敏感性愈小，黏性愈大，也愈硬脆。此外石油沥青中还存在石蜡，它会降低石油沥青的黏性、塑性和温度敏感性。

(2) 石油沥青的技术性能

石油沥青的技术性质主要包括黏性、塑性、温度敏感性、大气稳定性以及耐蚀性等。

1) 黏性（黏滞性） 黏性是指石油沥青在外力作用下，抵抗变形的能力。黏性大小与组分含量及温度有关。

地沥青质含量多，同时有适量树脂，而油分含量较少时，黏性大。在一定温度范围内，温度升高，黏度降低，反之，黏度提高。

对于液态沥青，或在一定温度下具有流动性的沥青，用标准黏度计测定黏度。对于半固态或固态的黏稠石油沥青的黏度是用针入度仪测定其针入度值来表示，以1/10mm为单位表示，每1/10mm为1度。针入度值越小，表明黏度越大。

2) 塑性 塑性是指石油沥青受到外力作用时，产生不可恢复的变形而不破坏的性质。当石油沥青中油分和地沥青质适量时，树脂含量愈多，沥青膜层越厚，塑性越大，温度升高，塑性增大。沥青之所以能制出性能良好的柔性防水材料，很大程度上决定于沥青的塑性，塑性大的沥青防水层能随建筑物变形而变形，防水层不致破裂，若一旦破裂，由于其塑性大，具有较强的自愈合能力。

石油沥青的塑性用延度表示，以厘米为单位。延度越大，表明沥青的塑性越大。

3) 温度敏感性 温度敏感性是指石油沥青的黏性和塑性随温度的升降而变化的性能。变化程度小，即温度敏感性小；反之，温度敏感性大。用于防水工程的沥青，要求具有较小的温度敏感性，以免高温下流淌，低温下脆裂。

沥青的温度敏感性用软化点表示，采用“环与球”法，以摄氏度为单位。软化点愈高，沥青温度敏感性愈小。

4) 大气稳定性 大气稳定性是指石油沥青在大气综合因素长期作用下抵抗老化的性能，也是沥青材料的耐久性。大气稳定性好的石油沥青可以在长期使用中保持其原有性质；反之，由于大气长期作用，某些性能降低，使石油沥青使用寿命减少。

造成大气稳定性差的主要原因是在热、阳光、氧气和水分等因素的长期作用下，石油沥青中低分子组分向高分子组分转化，即沥青中油分和树脂相对含量减少，地沥青质逐渐增多，从而使石油沥青的塑性降低，黏度提高，逐渐变得脆硬，直至脆裂，失去使用功能。这个过程称为“老化”。

沥青的大气稳定性以加热损失的百分率为指标，通常用沥青材料在160℃保温5h损失的质量百分率表示。如损失少，则表示性质变化小，耐久性高。也可用沥青材料加热前后针入度的比值为表示。

5) 闪点 闪点是指沥青加热在挥发出可燃气体，与火焰接触闪火时的最低温度。燃点是表示若继续加热，一经引火，燃烧就将继续下去的最低温度。施工熬制沥青的温度不得超过闪点。

6) 耐蚀性 耐蚀性是石油沥青抵抗腐蚀介质侵蚀的能力。石油沥青对于大多数中等浓度的酸、碱和盐类都有较好的耐蚀能力。

7) 防水性 石油沥青是憎水性材料，几乎完全不溶于水，它本身的构造致密，与矿物材料表面有很好的粘结力，能紧密粘附于矿物材料表面，形成致密膜层。同时，它还有一定的塑性，能适应材料或构件的变形，所以石油沥青具有良好的防水性，广泛用作建筑工程的防潮、防水、抗渗材料。

(3) 石油沥青的品种及选用

根据我国现行标准，石油沥青分为道路石油沥青、建筑石油沥青和普通石油沥青，各品种按技术性质划分为多种牌号，各种牌号石油沥青的技术要求见表 3-2 。

道路石油沥青、建筑石油沥青技术标准 **表 3-2**

质量指标	道路石油沥青 (SY 1661—85)							建筑石油沥青 (GB 494—85)	
	200	180	140	100 甲	100 乙	60 甲	60 乙	30	10
针入度(25℃，100 克)，1/10mm	201～300	161～200	121～160	91～120	81～120	51～80	41～80	25～40	10～25
延度(25℃)，不小于，cm	—	100	100	90	60	70	40	3	1.5
软化点(环球法)，不低于，℃	30	35	35	42～50	42	45～50	45	70	95
溶解度(三氯乙烯，四氯化碳，或苯)不小于，%	99	99	99	99	99	99	99	99.5	99.5
蒸发损失(160℃，5h)，不大于，%	1	1	1	1	1	1	1	1	1
蒸发后针入度比不小于，%	50	60	60	65	65	70	70	65	65
闪点(开口)，不低于，℃	180	200	230	230	230	230	230	230	230

从表 3-2 可以看出，石油沥青是按针入度指标来划分牌号的，同时保证相应的延度和软化点等。同一品种石油沥青中，牌号愈大，材料越软，针入度值愈大（即黏度愈小)，延度愈大（即塑性愈大)，软化点愈低（即温度敏感性愈大)。

选用沥青材料时，应根据工程性质（房屋、道路、防腐）及当地气候条件，所处工作环境（屋面、地下）来选择不同牌号的沥青（或选取两种牌号沥青混合使用)。在满足使用要求的前提下，尽量选用较大牌号的石油沥青，以保证在正常使用条件下，石油沥青有较长的使用年限。

一般情况下，屋面沥青防水层不但要求黏度大，以使沥青防水层与基层牢固粘结，更主要的是按其温度敏感性选择沥青牌号。由于屋面沥青层蓄热后的温度高于气温，因此选用时要求其软化点要高于当地历年来达到的最高气温 20℃以上。对于夏季气温高，而坡度又大的屋面，常选用 10 号、30 号石油沥青，或者 10 号与 30 号或 60 号掺配调整了性能的混合沥青。但在严寒地区一般不宜直接选用 l0 号石油沥青，以防冬季出现冷脆破裂现象。

建筑石油沥青多用于屋面防水工程和地下防水工程以及作为建筑防腐材料之用。道路石油沥青多用于拌制沥青砂浆和沥青混凝土，用于道路路面及厂房地面等。普通石油沥青含蜡量高，性能较差，在建筑工程中一般不使用。如用于一般或次要的路面工程，可与其他沥青掺配使用。

1.3.2 改性沥青材料

建筑上使用的沥青要求具有一定的物理性质和粘附性，即低温下有弹性和塑性；高温下有足够的强度和稳定性；加工和使用条件下有抗“老化”能力；与各种矿料和结构表面有较强的粘附力；对构件变形的适应性和耐疲劳性。通常石油加工厂制备的沥青不能满足这些要求，为此，常采用以下方法对石油沥青进行改性。

（1）橡胶沥青

橡胶是以生胶为基础加入适量的配合剂组成的具有高弹性的有机高分子化合物。即使在常温下它也具有显著的高弹性能，在外力作用下产生很大的变形，除去外力后能很快恢复原来的状态。橡胶在阳光、热、空气或机械力的反复作用下，表面会出现变色、变硬、龟裂或变软发黏，同时机械强度降低，这些现象叫老化。为防止橡胶老化，一般加入防老化剂，如蜡类等。

橡胶是沥青的重要改性材料，它和沥青有很好的混溶性，并能使沥青具有橡胶的优点，如高温变形性小，低温柔性好等，沥青中掺入橡胶后，可使其性能得到很好的改善，如耐热性、耐腐蚀性、耐候性等得以提高。

橡胶沥青可制成卷材、片材、胶粘剂、密封材料和涂料等，用于道路路面工程、密封材料和防水材料等。常用的品种有：氯丁橡胶沥青、丁基橡胶沥青和再生橡胶沥青等。

（2）树脂沥青

用树脂对石油沥青进行改性，使沥青的耐寒性、耐热性、粘结性和不透气性提高，如石油沥青加入聚乙烯树脂改性后可制成冷粘贴防水卷材等。常用的品种有：古马隆树脂沥青、聚乙烯树脂沥青、聚丙烯树脂沥青、酚醛树脂沥青等。

（3）橡胶和树脂改性沥青

橡胶和树脂同时用于改善沥青的性质，使沥青具有橡胶和树脂的特性，如耐寒性，且树脂比橡胶便宜，橡胶和树脂又有较好的混溶性，故效果较好。橡胶和树脂改性沥青主要有卷材、片材、密封材料和防水涂料等。

（4）稀释沥青（冷底子油）

冷底子油是用稀释剂对沥青稀释的产物，它是将沥青熔化后，用汽油或煤油、轻柴油、苯等溶剂（稀释剂）溶合而配成的沥青涂料。由于它多在常温下用于防水工程的底层，故名冷底子油，它的流动性好，便于喷涂，将冷底子油涂刷在混凝土、砂浆或木材等基面后，能很快渗透进基面，溶剂挥发后，便与基面牢固结合，并使基面有憎水性，为粘结同类防水材料创造了有利条件。

冷底子油通常随用随配，若贮存时，应使用密闭容器，以防止溶剂挥发。

（5）沥青玛琋脂

沥青玛琋脂是在沥青中掺入适量粉状或纤维状矿质填充料经均匀混合而制成。它与沥青相比，具有较好的黏性、耐热性和柔韧性，主要用于粘贴卷材、嵌缝、接头、补漏及做防水层的底层。沥青玛琋脂中掺入填充料，不仅可以节省沥青，更主要的是为了提高沥青玛琋脂的粘结性、耐热性和大气稳定性。

填充料主要有粉状的，如滑石粉、石灰石粉、普通水泥和白云石粉等；还有纤维状的，如石棉粉、木屑粉等。粉状填充料加入量一般为10%～25%，纤维状填充料加入量一般为5%～10%，具体由试验决定。填充料的含水率不宜大于3%；粉状的填充料应全部通过0.21mm（900孔/cm^2）孔径的筛子，其中大于0.08mm（4900孔/cm^2）的颗粒不应超过15%。

沥青玛琋脂的技术性能，主要是必须满足耐热度、柔韧性、粘结力等三项指标的要求，符合GB 50207—94规定，见表3-3。沥青玛琋脂的选用符合GB 50207—94规定，见表3-4。

沥青玛𤧛脂的质量要求（GB 50207—94）　　表 3-3

指标名称＼标号	S—60	S—65	S—70	S—75	S—80	S—85
耐热度	用 2mm 厚的沥青玛𤧛脂粘合两张沥青油纸，置于不低于下列温度（℃）条件中，在 1∶1 坡度上停放 5h 的沥青玛𤧛脂不应流淌，油纸不应滑动					
	60	65	70	75	80	85
柔韧性	涂在沥青油纸上的 2mm 厚的沥青玛𤧛脂层，在（18±2）℃时，围绕下列直径（mm）的圆棒，用 2 秒的时间以均衡速度弯成半周，沥青玛𤧛脂不应有裂纹					
	10	15	15	20	25	30
粘结力	用手将两张粘贴在一起的油纸慢慢地一次撕开，从油纸和沥青玛𤧛脂的粘贴面的任何一面的撕开部分，应不大于粘贴面积的 1/2					

沥青玛𤧛脂选用标号（GB 50207—94）　　表 3-4

材料名称	屋面坡度	历年极端最高气温	沥青玛𤧛脂标号
沥青玛𤧛脂	1%～3%	小于 38℃ 38～41℃ 41～45℃	S—60 S—65 S—70
	3%～15%	小于 38℃ 38～41℃ 41～45℃	S—65 S—70 S—75
	15%～25%	小于 38℃ 38～41 ℃ 41～45℃	S—75 S—80 S—85

注：1. 卷材层上有块体保护层或整体刚性保护层，沥青玛𤧛脂标号可按表 3-3 降低 5 号；
2. 屋面受其他热源影响（如高温车间等）或屋面坡度超过 25%时，应将沥青玛𤧛脂的标号适当提高。

沥青玛𤧛脂有热用及冷用两种。在配制热沥青玛𤧛脂时，应待沥青完全熔化脱水后，再慢慢加入填充料，同时应不停的搅拌至均匀为止，要防止粉状填充料沉入锅底。填充料在掺入沥青前应干燥并宜加热。冷用沥青玛𤧛脂是将沥青熔化脱水后，缓慢的加入稀释剂，再加入填充料搅拌而成，它可在常温下施工，改善劳动条件，同时减少沥青用量，但成本较高。

（6）沥青的掺配

某一种牌号的石油沥青往往不能满足工程技术要求，因此需用不同牌号沥青进行掺配。

进行两种沥青掺配时，首先按下述公式计算，然后再进行试配调整：

$$较软沥青掺量（\%）=\frac{较硬沥青软化点-要求的软化点}{较硬沥青软化点-较软沥青软化点}\times 100$$

$$较硬沥青掺量（\%）=100-较软沥青掺量$$

【例】 某工程需用软化点为 85℃的石油沥青，现有 10 号及 60 号两种，由试验测得，10 号石油沥青软化点为 95℃；60 号石油沥青软化点为 45℃，应如何掺配以满足工程需要？

【解】 计算掺配用量：

$$60号石油沥青用量（\%）=\frac{95℃-85℃}{95℃-45℃}\times 100=20$$

10 号石油沥青用量（%）=100－20=80

试配调整将应根据计算的掺配比例和其邻近的比例（±5%～10%）进行试配（混合熬制均匀），测定掺配后沥青的软化点，然后绘制“掺配比—软化点”曲线，即可从曲线上确定所要求的掺配比例。

如用三种沥青时，可先求出两种沥青的配比，再与第三种沥青进行配比计算，然后再试配，同样也可对针入度指标按上述方法进行计算及试配。

1.3.3　防水卷材

卷材是一种用来铺贴在屋面或地下防水结构上的防水材料。较长时间内我国最常用的防水卷材是纸胎沥青油毡和油纸。近年来又生产了沥青玻璃布油毡、再生胶沥青油毡、玻璃纤维毡片、三元乙丙橡胶防水卷材、聚氯乙烯（PVC）防水卷材等。

（1）沥青防水卷材

凡用厚纸或玻璃布、石棉布、棉麻织品等胎料浸渍石油沥青制成的卷状材料，称为浸油渍卷材（有胎卷材）；将石棉、橡胶粉等掺入沥青材料中，经碾压制成的卷状材料称为辊压卷材（无胎卷材）。这两种卷材统称为沥青防水卷材，是目前建筑工程中常用的柔性防水材料。

1）有胎卷材　包括有油纸、油毡和其他改性沥青卷材。

A. 油纸、油毡

油纸是以熔化的低软化点的沥青浸渍原纸所制成的一种无涂盖层的纸胎防水卷材。油纸分为 200 号、350 号两种标号。《石油沥青纸胎油毡、油纸》GB 326—89 对于油纸的物理性能有明确规定，见表 3-5。

石油沥青油纸物理性能（GB 326—89）　　**表 3-5**

指标名称		标号	
		200 号	350 号
浸渍材料占干原纸重量	不小于(%)	100	
吸水率(真空法)	不大于(%)	25	
拉力 25℃±2℃时纵向	不小于(N)	110	240
柔度在 18℃±2℃时		围绕 ϕ10mm 圆棒或弯板无裂纹	

油毡是用较高软化点的热沥青，涂盖油纸的两面，然后再涂或撒隔离材料所制成的一种纸胎防水卷材。

油毡按所用隔离材料分为粉状面油毡和片状面油毡，通常称为“粉毡”和“片毡”。油毡按所用纸胎每平方米的质量（g/m^2）分为 200 号、350 号和 500 号三种标号，并按浸渍材料总量和物理性质分为合格品、一等品、优等品三个等级。《石油沥青纸胎油毡、油纸》GB 326—89 对油毡物理性能的明确规定，见表 3-6。

其他有胎卷材有：

沥青玻璃布油毡　它是以玻璃纤维织成的布作胎基，直接用高软化点沥青浸涂玻璃布两面，撒上滑石粉或云母粉而成。这种油毡的抗拉强度，柔韧性，耐腐蚀性均优于纸胎沥青油毡，适用于防水性、耐水性、耐腐蚀性要求较高的工程，是重要工程中常用的防水卷材。

石油沥青油毡物理性能（GB 326—89）　　表 3-6

标号 指标名称　　等级		200号			350号			500号		
		合格	一等	优等	合格	一等	优等	合格	一等	优等
单位面积浸涂材料总量（g/m^2）不小于		600	700	800	1000	1050	1110	1400	1450	1500
不透水性	压力　不小于(MPa)	0.05			0.10			0.15		
	保持时间　不小于(min)	15	20	30	30		45	30		
吸水率（真空法）不大于(%)	粉毡	1.0			1.0			1.5		
	片毡	3.0			3.0			3.0		
耐热度(℃)		85±2		90±2	85±2		90±2	85±2		90±2
		受热2h涂盖层应无滑动和集中性气泡								
拉力 25±2℃纵向不小于(N)		240	270		340	370		440	470	
柔　度		18±2℃			18±2℃	16±2℃	14±2℃	18±2℃		14±2℃
		绕ϕ20mm圆棒或弯板无裂纹						绕ϕ25mm棒或弯板无裂纹		

其他有胎卷材还有以麻布、合成纤维等为胎基，经浸渍、涂敷、撒布制成的石油沥青麻布油毡、沥青玻璃纤维油毡等。它们的性能均好于纸胎沥青油毡，更适合用于地下防水、屋面防水层、化工建筑防腐工程等。

B. 改性沥青防水卷材

(A) SBS改性沥青防水卷材

SBS改性沥青防水卷材是以热塑性弹性体为改性剂，将石油沥青改性后作浸渍涂盖材料，以玻纤毡或聚酯毡等增强材料为胎体，以塑料薄膜、矿物粒、片料等作为防粘隔离层，经过选材、配料、共熔、浸渍、辊压、复合成型、卷曲、检验、分卷、包装等工序加工而制成的一种柔性中、高档的可卷曲的片状防水材料，属弹性体沥青防水卷材中有代表性的品种。

本系列卷材已发布《弹性体改性沥青防水卷材》GB 18242—2000。

本品特点：综合性能强，具有良好的耐高温和低温性能以及耐老化，施工简便。

本品加入10%～15%的SBS热塑性弹性体（苯乙烯-丁二烯-苯乙烯嵌段共聚物），使之兼有橡胶和塑料的双重特性。在常温下，具有橡胶状弹性，在高温下又像塑料那样具有熔融流动特性，是塑料、沥青等脆性材料的增韧剂，经过SBS这种热塑性弹性体材料改性后的沥青作防水卷材的浸渍涂盖层，提高了卷材的弹性和耐疲劳性，延长了卷材的使用寿命，增强了卷材的综合性能。将本品加热到90℃，2h后观察，卷材表面仍不起泡，不流淌，当温度降低到－75℃时，卷材仍然具有一定的柔软性，－50℃以下仍然有防水功能，所以其优异的耐高、低温性能特别适宜于在严寒地区使用，也可用于高温地区。本品拉伸强度高、延伸率大、自重轻、耐老化、施工方法简便，既可以用热熔施工，又可用冷粘结施工。

本品按可溶物含量和物理性能分为Ⅰ型和Ⅱ型。

依据卷材所使用玻纤毡胎或聚酯无纺布胎两种胎体，使用矿物粒（如板岩片等）、砂粒（河砂或彩砂）、聚乙烯膜等三种表面材料，共形成6个品种，见表3-7所列。

浸渍材料可用石油沥青或SBS改性沥青，涂盖材料则必须采用SBS改性沥青。在改性沥青中，沥青与SBS改性材料必须充分混溶和相容。

弹性体改性沥青防水卷材品种（GB 18242—2000） 表 3-7

上表面材料 \ 胎基	聚酯胎	玻纤胎
聚乙烯膜	PY-PE	G-PE
细砂	PY-S	G-S
矿物粒(片)料	PY-M	G-M

本系列卷材除适用于一般工业与民用建筑工程防水外，尤其适用于高层建筑的屋面和地下工程的防水、防潮以及桥梁、停车场、游泳池、隧道、蓄水池等建筑工程的防水。

卷材其面积、质量及厚度应符合表 3-8 要求。

弹性体改性沥青防水卷材卷重、面积及厚度（GB 18242—2000） 表 3-8

规格(公称厚度)(mm)		2		3			4					
上表面材料		PE	S	PE	S	M	PE	S	M	PE	S	M
面积(m^2/卷)	公称面积	15		10			10			7.5		
	偏差	±0.15		±0.10			±0.10			±0.10		
最低卷重(kg/卷)		33.0	37.5	32.0	35.0	40.0	42.0	45.0	50.0	31.5	33.0	37.5
厚度(mm)	平均值≥	2.0		3.0		3.2	4.0		4.2	4.0		4.2
	最小单值	1.7		2.7		2.9	3.7		3.9	3.7		3.9

卷材其物理性能应符合表 3-9 的要求。

SBS 弹性体改性沥青油毡物理力学性能 表 3-9

序号	胎基			PY		G	
	型号			Ⅰ	Ⅱ	Ⅰ	Ⅱ
1	可溶物含量(g/m^3)≥		2mm	—		1300	
			3mm	2100			
			4mm	2900			
2	不透水性	压力(MPa)≥		0.3		0.2	0.3
		保持时间(min)≥		30			
3	耐热度(℃)			90	105	90	105
				无滑动、流淌、滴落			
4	拉力(N/50mm)≥		纵向	450	800	350	500
			横向			250	300
5	最大拉力时延伸率(%)≥		纵向	30	40	—	
			横向				
6	低温柔度(℃)			−18	−25	−18	−25
				无 裂 纹			
7	撕裂强度(N)≥		纵向	250	350	250	350
			横向			170	200
8	人工气候加速老化	外观		1级			
				无滑动、流淌、滴落			
		拉力保持率(%)≥	纵向	80			
		低温柔度(℃)		−10	−20	−10	−20
				无 裂 纹			

注：表中 1～6 项为强制性项目。

(B) APP改性沥青防水卷材

APP改性沥青防水卷材属塑性体沥青防水卷材，本品是以纤维毡或纤维织物为胎体，浸涂APP（无规聚丙烯）改性沥青，上表面撒布矿物粒、片料或覆盖聚乙烯膜，下表面撒布细砂或覆盖聚乙烯膜，经一定生产工艺而加工制成的一种中、高档改性沥青可卷曲片状防水材料。

本品特点：分子结构稳定，老化期长，具有良好的耐热性，拉伸强度高，延伸率大，施工简便，无污染。

加入量为30%～35%的APP（无规聚丙烯）是生产聚丙烯的副产品，它在改性沥青中呈网状结构，与石油沥青有良好的互溶性，将沥青包在网中。APP分子结构为饱和态，所以，有非常好的稳定性，受高温、阳光照射后，分子结构不会重新排列，老化期长。一般情况下，APP改性沥青的老化期在20年以上。本品温度适应范围为－15～130℃，特别是耐紫外线的能力比其他改性沥青卷材都强，非常适宜在有强烈阳光照射的炎热地区使用。

APP改性沥青复合在具有良好物理性能的聚酯毡或玻纤毡上，使制成的卷材具有良好的拉伸强度和延伸率。本卷材具有良好的憎水性和粘结性，既可冷粘施工，又可热熔施工，无污染，可在混凝土板、塑料板、木板、金属板等材料上施工。

APP改性沥青防水卷材按可溶物含量和物理性能分为Ⅰ型和Ⅱ型。

本品使用玻纤毡胎（G）或聚酯胎（PY）两种胎体，形成六个品种，其卷材幅宽为1000mm。卷材品种见表3-10。

弹性体改性沥青防水卷材品种（GB 18243—2000）　　表3-10

胎基 / 上表面材料	聚　酯　胎	玻　纤　胎
聚乙烯膜	PY-PE	G-PE
细　砂	PY-S	G-S
矿物粒(片)料	PY-M	G-M

本系列卷材适用于一般工业与民用建筑工程的防水，玻纤毡胎和聚酯无纺布胎的卷材尤其适用于地下工程防水。

本系列卷材已发布国家标准GB 18243—2000。

浸渍材料可采用石油沥青或APP改性沥青，涂盖材料则必须采用APP改性沥青。在改性沥青中，沥青与APP改性材料必须充分混溶和相容。

卷材其面积、卷材质量及厚度均应符合表3-11的规定。

塑性体改性沥青防水卷材卷重、面积及厚度（GB 18243—2000）　　表3-11

规格(公称厚度)(mm)		2		3			4					
上表面材料		PE	S	PE	S	M	PE	S	M	PE	S	M
面积(m²/卷)	公称面积	15		10			10			7.5		
	偏　差	±0.15		±0.10			±0.10			±0.10		
最低卷重(kg/卷)		33.0	37.5	32.0	35.0	40.0	42.0	45.0	50.0	31.5	33.0	37.5
厚度(mm)	平均值≥	2.0		3.0		3.2	4.0		4.2	4.0		4.2
	最小单值	1.7		2.7		2.9	3.7		3.9	3.7		3.9

APP 改性沥青防水卷材的物理性能应符合表 3-12 的要求。

APP 塑性体改性沥青油毡物理力学性能 表 3-12

序号	胎基			PY		G	
	型号			Ⅰ	Ⅱ	Ⅰ	Ⅱ
1	可溶物含量(g/m³)≥		2mm	—		1300	
			3mm	2100			
			4mm	2900			
2	不透水性	压力(MPa)≥		0.3		0.2	0.3
		保持时间(min)≥		30			
3	耐热度(℃)			110	130	110	130
				无滑动、流淌、滴落			
4	拉力(N/50mm)≥		纵向	450	800	350	500
			横向			250	300
5	最大拉力时延伸率(%)≥		纵向	25	40	—	
			横向				
6	低温柔度(℃)			−5	−15	−5	−15
				无裂纹			
7	撕裂强度(N)≥		纵向	250	350	250	350
			横向			170	200
8	外观			1级			
				无滑动、流淌、滴落			
	人工气候加速老化	拉力保持率(%)≥	纵向	80			
		低温柔度(℃)		−10	−20	−10	−20
				无裂纹			

注：1. 表中 1～6 项为强制性项目；

2. 当需要耐热度超过 130℃卷材时，该指标可由供需双方协商确定。

2）无胎卷材　无胎卷材既有以沥青为主体材料的沥青基卷材，也有橡胶基和树脂基卷材。它是将填充料、改性材料等添加剂掺入沥青材料或其他主体材料中，经混炼、压延或挤出成型而成的卷材。

在我国沥青无胎卷材应用较多的是沥青再生胶油毡。它是采用再生橡胶、10 号石油沥青和石灰石或石棉粉等填料，经混炼、压延而成的防水材料。它具有质地均匀，低温柔性好，耐腐蚀性强，耐水性及热稳定性好等优点。适用于屋面或地下作接缝和满堂铺设的防水层，尤其适用于基层沉降较大或沉降不均匀的建筑物变形缝的防水处理。

（2）新型防水卷材

我国过去一直沿用石油沥青油毡做建筑防水，存在污染环境和容易起鼓、老化、渗漏等工程质量问题。随着科学技术的进步，从沥青中提取的东西越来越多，使得沥青的组分变化很大，耐热性下降，石油沥青油毡屋面防水层的使用寿命缩短。为此，除提高和改进已有产品的质量和数量外，还要不断增加建筑防水材料的品种。随着合成高分子材料的发展，出现以合成橡胶或塑料为主的高效能防水卷材及其他品种为辅的防水材料体系，由于它们具有使用寿命长，低污染、技术性能好等特点，因而得到广泛的开发和应用。

1）三元乙丙橡胶防水卷材　三元乙丙橡胶防水卷材（简称 EPDM）主要是以乙烯、丙烯、双环戊二烯共聚合成的三元乙丙橡胶为主体，掺入适量丁基橡胶，并加入硫化剂、促进剂、软化剂、补强剂等，经过配料、密炼、拉片、过滤、挤出或压延成形、硫化、检验、分卷、包装等工序加工制成的高弹性防水卷材，属于高档防水材料。卷材宽度一般为1.0m，长20m，厚度分别为0.8、1.0、1.2、1.5、2.0mm。

A. 性能特点

(A) 耐老化性能好，使用寿命长　由于三元乙丙橡胶分子结构中的主链上没有双键，当受到臭氧、紫外光、湿热的作用时，主链上不易发生断裂，这是它的耐老化性能比主链上含有双键的橡胶或塑料等高分子材料优异得多的根本原因。根据实验和公式推算，三元乙丙橡胶防水卷材的使用寿命为53.7年。

(B) 抗拉强度高、延伸性大　三元乙丙橡胶防水卷材的抗拉强度高，延伸率大，因此它的抗裂性好，能适应结构及防水基层变形的需要。

(C) 耐高、低温性能好　三元乙丙橡胶防水卷材冷脆温度低，耐热性能好，可在较低的气温条件下及酷热的气候环境长期应用。

(D) 可采用单层防水作法，冷贴施工　三元乙丙橡胶防水卷材可单层、冷贴防水施工，改变了过去多叠层和热施工的传统作法，简化了施工工序，提高了施工效率。

B. 主要技术指标

三元乙丙橡胶防水卷材主要技术指标见表3-13。

三元乙丙橡胶防水卷材技术指标　　表3-13

项目名称	保定某厂产品		辽阳某厂产品		北京某厂产品	
	标准规定指标	实测结果	标准规定指标	实测结果	标准规定指标	实测结果
拉伸强度(MPa)	7.36	11.37	7.36	11.38	7.36	9.8
断裂伸长率(%)	450	548	300	330	400	466
300%定伸强度(MPa)	2.94	5.29	2.94	10.69	2.94	8.04
撕裂强度(kN/m)	24.53	27.44	24.53	33.16	19.62	53.9
脆性温度(℃)	−45	−46.7	−40	−44	—	—
不透水性(Pa×h)	$2.94\times10^5\times10$	合格	$1.47\times10^5\times0.5$	合格	—	—
臭氧老化	42±2℃，伸长100%，1000pphm，168h静态无裂纹	合格	42±2℃，伸长20%，48pphm，168h无裂纹	合格	42±2℃，伸长100%，1000pphm，168h无裂纹	合格
热空气老化后保持率(%) 80℃×168h　拉伸强度	≥80	105	≥80	100	80～100	>100
热空气老化后保持率(%) 80℃×168h　断裂伸长率	≥70		≥70	94	≥70	>80
热空气老化后保持率(%) 80℃×168h　撕裂强度	≥50		≥50	88	50～80	—

C. 适用范围

三元乙丙橡胶防水卷材最适用于工业与民用建筑高档工程的屋面单层外露防水工程，也适用于有保护层的屋面、地下室、贮水池、隧道等土木建筑防水工程。

2) 氯丁橡胶防水卷材　氯丁橡胶防水卷材是以氯丁橡胶为主体，掺入适量的填充剂、硫化剂、增强剂等添加剂，在经过密炼、压延或挤出成型及硫化而制成。

A. 性能特点

(A) 氯丁橡胶卷材的抗拉性能、延伸率、耐油性、耐日光、耐臭氧、耐气候性很好，与三元乙丙橡胶卷材相比，除耐低温性稍差外，其他性能基本相似。

(B) 氯丁橡胶卷材宜用氯丁橡胶胶粘剂粘贴，施工方法用全粘法。

B. 主要技术指标

氯丁胶防水卷材主要技术指标见表 3-14。

氯丁橡胶防水卷材的技术性能 **表 3-14**

项　目	指　标	项　目	指　标
抗拉强度(MPa)	＞5.40	耐臭氧性能(50pphm×40℃×168h)	无裂纹
伸长率(%)	＞350	冷脆温度(℃)	－40 以下
抗撕裂强度(N/cm)	＞245	不透水性(0.1MPa×30min)	合格

C. 适用范围

它适用于屋面、桥面、蓄水池及地下室混凝土结构的防水层等。

3）聚氯乙烯防水卷材　聚氯乙烯防水卷材是以聚氯乙烯树脂（PVC）为主要原料，掺入适量的改性剂、抗氧剂、紫外线吸收剂、着色剂、填充剂、增塑剂等，经捏合、塑化、挤出压延、整形、冷却、检验、分卷、包装等工序加工制成的可卷曲的片状防水材料。

此类卷材具有拉伸强度较高、延伸率较大、耐高低温性能较好的特点，而且热熔性能好，卷材接缝时，既可采用冷粘法，也可以采用热风焊接法，使其形成接缝粘结牢固、封闭严密的整体防水层。

PVC 树脂可以通过改变增塑剂的加入量被制成软质和硬质 PVC 材料，一般来说，增塑剂加入量 40%以上（以树脂量计），则为软质制品（当然还与填料的加入量有关）。

PVC 防水卷材目前在世界上是应用最广泛的防水卷材之一，仅次于三元乙丙防水卷材而居第二位。

软质 PVC 卷材的特点是防水性能良好，低温柔性好，尤其是以癸二酸二丁酯作增塑剂的卷材，冷脆点低达－60℃。由于 PVC 来源丰富，原料易得，故在聚合物防水卷材中价格比较便宜。PVC 卷材的粘结采用热焊法或溶剂（如四氢呋喃 THF 等）粘结法。无底层 PVC 卷材收缩率较高，达 1.5%～3%，故铺设时必须在四周固定，有增强层类型的 PVC 卷材则无须在四周固定。

该类卷材适用于大型层面板、空心板作防水层，亦可作刚性层下的防水层及旧建筑物混凝土构件屋面的修缮，以及地下室或地下工程的防水、防潮、水池、贮水槽及污水处理池的防渗，有一定耐腐蚀要求的地面工程的防水、防渗。

目前我国聚氯乙烯防水卷材的主要品种有以下几种：聚氯乙烯柔性卷材；聚氯乙烯复合卷材；自粘性聚氯乙烯卷材。

聚氯乙烯柔性卷材为无增强单层卷材；聚氯乙烯复合卷材多以玻璃纤维毡或聚酯网（或毡）增强；自粘性聚氯乙烯卷材则是在卷材的一侧涂刷压敏胶，并贴上一层隔离纸，施工时只需将隔离纸撕去，即可进行粘贴。

聚氯乙烯防水卷材国家已发布了国家标准 GB 12952—91。

PVC 防水卷材根据其基料的组成及其特性分为下列类型：

S 型　以煤焦油与聚氯乙烯树脂混合料为基料的柔性卷材；

P 型　以增塑聚氯乙烯为基料的塑性卷材。

PVC 防水卷材的规格要求如下：

厚度　S 型　1.8、2.0、2.5mm；

　　　P 型　1.2、1.5、2.0mm；

宽度　1000、1200、1500mm；

卷材的面积　10、15、20m²。

PVC 防水卷材的外观要求如下：外观质量，卷材表面应无气泡、疤痕、裂纹、粘结和孔洞；卷材的面积允许偏差为±0.3%；卷材中允许有一处接头，其中较短的一段长度不少于 2.5m，接头处应剪切整齐，并加长 150mm 备作搭接，优等品批中有接头的卷材卷数不得超过批量的 3%；卷材的平直度应不大于 50mm；卷材的平整度应不大于 10mm。

卷材的厚度偏差和最小单值应符合表 3-15 的规定。

聚氯乙烯防水卷材厚度允许偏差和最小单值（GB 12952—91）　　表 3-15

类　　型	厚度(mm)	允许偏差(mm)	允许最小单值(mm)
S 型	1.80	+0.20 −0.10	1.60
	2.00		1.80
	2.50	+0.30 −2.0	2.20
P 型	1.20	+0.20 −0.10	1.00
	1.50		1.30
	2.00		1.70

PVC 防水卷材的物理力学性能应符合表 3-16 的规定。

聚氯乙烯防水卷材物理力学性能（GB 12952—91）　　表 3-16

项　　目	P 型			S 型	
	优等品	一等品	合格品	一等品	合格品
拉伸强度(MPa)不小于	15.0	10.0	7.0	5.0	2.0
断裂伸长率(%)不小于	250	200	150	200	120
热处理尺寸变化率(%)不大于	2.0	2.0	3.0	5.0	7.0
低温弯折性	−20℃,无裂纹				
抗渗透性	不透水				
抗穿孔性	不渗水				
剪切状态下的粘合性	$\sigma_{as}\geqslant 2.0$N/mm 或在接缝外断裂				

试验室处理后卷材相对于未处理时的允许变化					
热老化处理	外观质量	无气泡、不粘结、无孔洞			
	拉伸强度相对变化率(%)	±20	±25		+50 −30
	断裂伸长率相对变化率(%)				
	低温弯折性	−20℃ 无裂纹	−15℃ 无裂纹	−20℃ 无裂纹	−10℃ 无裂纹
人工气候化处理	拉伸强度相对变化率(%)	±20	±25		+50 − 30
	断裂伸长率相对变化率(%)				
	低温弯折性	−20℃ 无裂纹	−15℃ 无裂纹	−20℃ 无裂纹	−10℃ 无裂纹
水溶液处理	拉伸强度相对变化率(%)	±20	±25	±20	±25
	断裂伸长率相对变化率(%)				
	低温弯折性	−20℃ 无裂纹	−15℃ 无裂纹	−20℃ 无裂纹	−10℃ 无裂纹

4）氯化聚乙烯—橡胶共混型防水卷材　是以氯化聚乙烯塑料和橡胶共混的方式制成的一种高分子防水材料。是一种以氯化聚乙烯为主要材料与橡胶、增塑剂、填充剂等配合剂通过共混混炼，预热炼、压延、卷曲、硫化等工序制成的防水卷材。它避免了塑料和橡胶的缺点，获得了两者的优点。

A. 特点　兼有塑料和橡胶的优点，具有较大的伸长率和抗拉强度，耐低温性好，有较好的耐臭氧能力，耐气候性和耐老化能力。各项性能符合或接近日本三元乙丙橡胶防水卷材的国家标准，但价格大为降低。

B. 主要技术指标　氯化聚乙烯—橡胶共混型防水卷材规格和主要技术指标见表 3-17。

氯化聚乙烯—橡胶共混型防水卷材规格和主要技术指标　　**表 3-17**

规　格			技　术　性　能	
长度(m)	宽度(m)	厚度(mm)	项　目	指　标
20(A 型) 10(B 型)	1.0(A 型) 1.0(B 型)	1.0、1.2、1.5、1.8 (A 型) 2.0(B 型)	抗张强度(MPa) 扯断伸长率(%) 300%定伸强度(MPa) 直角撕裂强度(N/cm) 热老化保持率(80℃×168h)： 扯断伸长率(%) 抗张强度(%) 耐臭氧性(75pphm×40℃×168h) 脆性温度(℃) 不透水性(0.3MPa×10h)	7.46～8.54 464～565 4.42～5.50 265～285 80 90～110 无裂纹 −48 不渗漏

C. 适用范围　适用于新建和维修各种不同结构的建筑屋面、墙体、地下建筑、水池、厕所、浴室以及隧道、山洞、水库等工程的防水、防潮、防渗和补漏。

1.4　施工工具及其使用

常用施工机具分为三大类，即：一般施工机具、热熔卷材施工机具及热焊卷材施工机具。

1.4.1　一般施工机具

(1) 小平铲（腻子刀）

如图 3-2 所示。有软硬两种。其用途为：软性适合于调制弹性密封膏，硬性适合于清理基层。小平铲（腻子刀）规格见表 3-18。

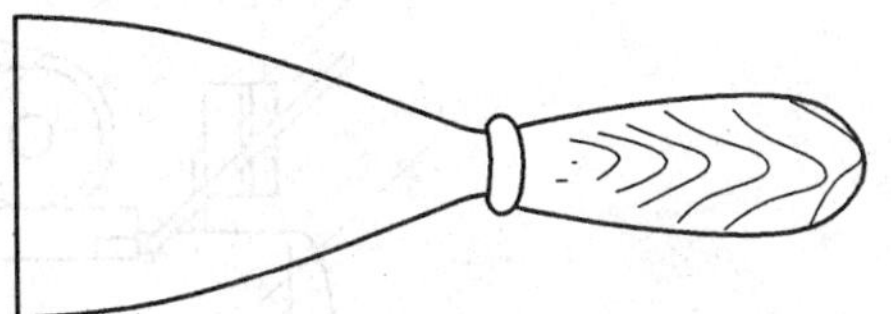

图 3-2　小平铲（腻子刀）

小平铲的规格　　**表 3-18**

刃口宽度(mm)	25	35	45	50	65	75	90	100
刃口厚度(mm)	0.4(软性),0.6(硬性)							

(2) 扫帚

如图 3-3 所示。用于清扫基层。规格同一般生活日用品。

(3) 拖布

如图 3-4 所示。用于清除基层灰尘。规格同一般生活日用品。

(4) 钢丝刷

如图 3-5 所示。用于清除基层灰浆。规格为普通型。

图 3-3　扫帚

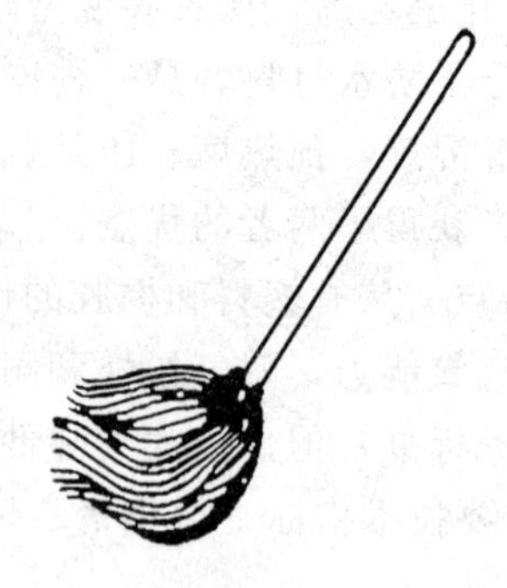

图 3-4　拖布

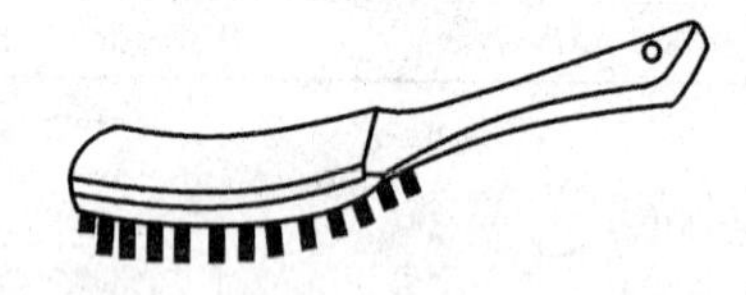

图 3-5　钢丝刷

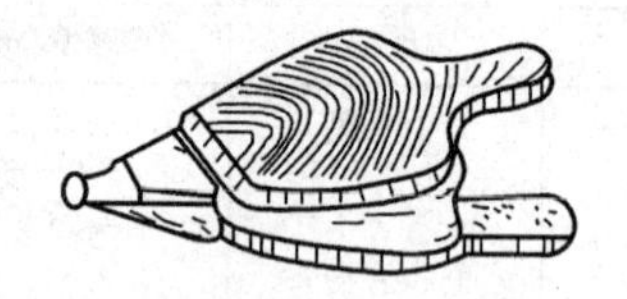

图 3-6　皮老虎

(5) 皮老虎

如图 3-6 所示。又称为：皮风箱，用于清除接缝内灰尘。规格见表 3-19。

皮老虎的规格　　**表 3-19**

最大宽度(mm)	200	250	300	350

(6) 空气压缩机

如图 3-7 所示。用于清除基层灰尘及进行热熔卷材施工。规格见表 3-20。

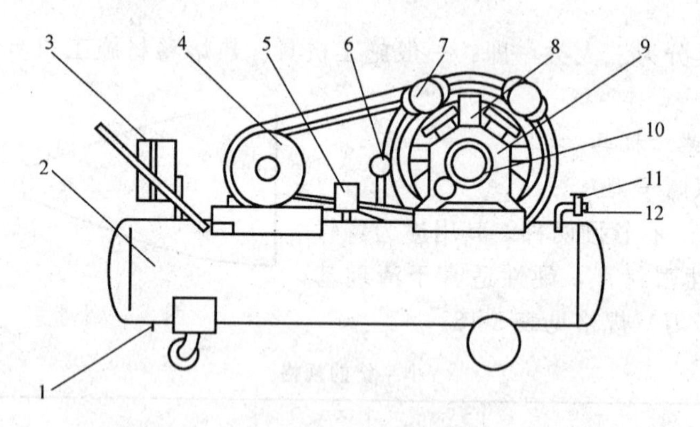

图 3-7　2V-0.6/7B 型空气压缩机外形示意图

1—旋塞；2—储气罐；3—磁力起动器；4—电动机；5—压力传感接触器；6—压力表；7—消声过滤器；8—油塞；9—主机；10—示油器；11—安全网；12—截止阀

空气压缩机的规格　　**表 3-20**

型　号	排气量 (m^3/min)	排气压力 (MPa)	电机功率 (kW)	外形尺寸 (长×宽×高)(mm)
2V-0.6/7B	0.6	0.7	5.5	1600×500×1000
2V-0.3/7	0.3	0.7	3	930×570×600

(7) 铁桶、溶剂桶

如图 3-8 所示。用来装玛琋脂、涂料及溶剂等，规格为普通型。装溶剂也可用塑料桶。

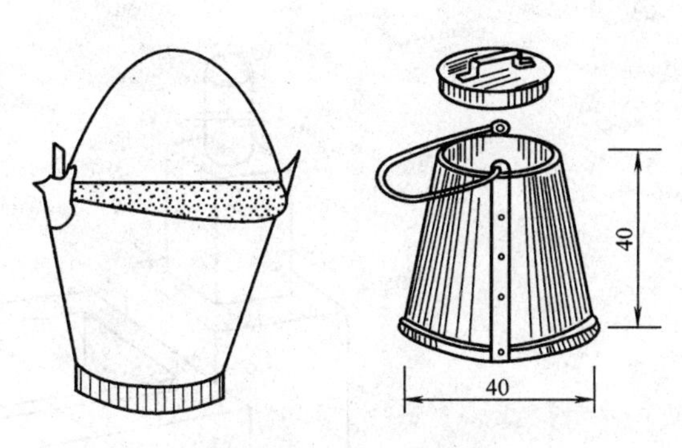

图 3-8 铁桶、溶剂桶

(8) 油壶

如图 3-9 所示。用来装热玛琋脂并在卷材粘贴处浇洒粘结层。规格为自制、普通型。

(9) 电动搅拌器

如图 3-10 所示。用于搅拌糊状材料。规格为：转速 200r/min，也可用手电钻改制。

图 3-9 油壶

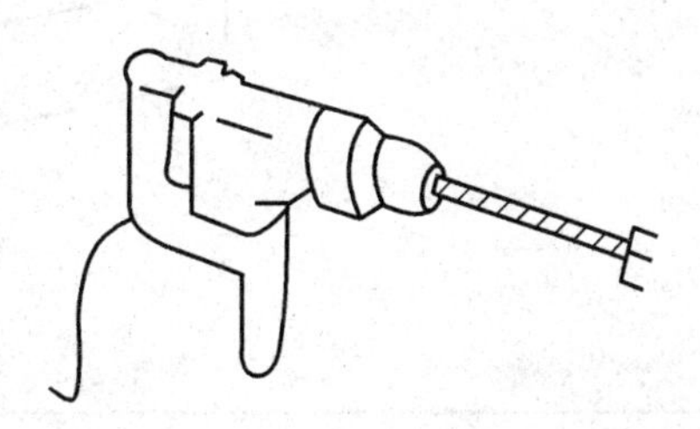
图 3-10 电动搅拌器

(10) 油锅

如图 3-11 所示。一般需要用 5mm 厚的钢板焊接制成，容量为 $0.5m^3$ 左右，锅口为矩形，锅底成弧形，两侧焊有角钢以便将油锅架在炉灶壁上。油锅用于熔熬热沥青。规格为自制。

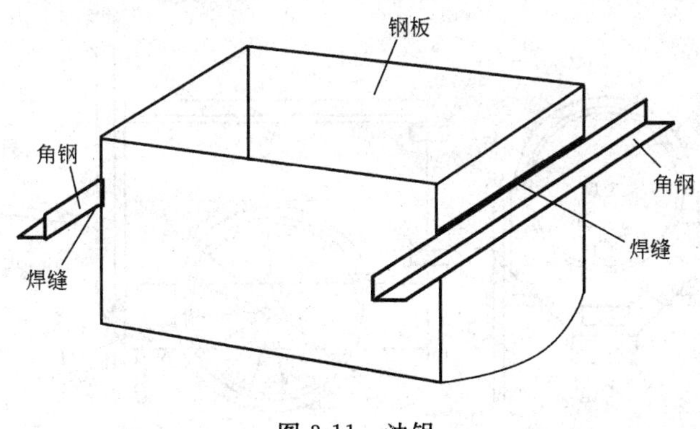

图 3-11 油锅

(11) 锅灶

如图 3-12 所示。即按油锅大小砌筑的锅灶，材料用砖和黏土砂浆，锅下各设单独的灶口，锅灶的构造尺寸可参考表 3-21。

这种锅灶的特点是：炉膛适当地降低，使火焰能接触锅底；烟道较高，易出风；烟囱高，易抽风；炉箅间距适当。

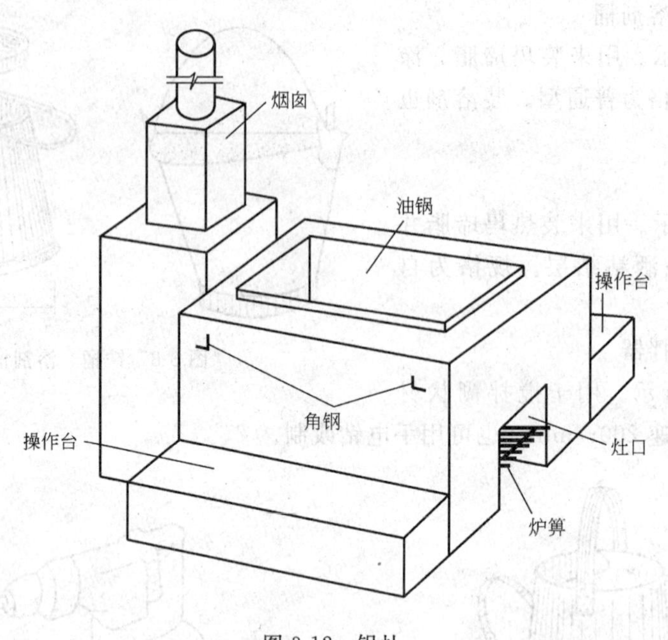

图 3-12　锅灶

锅灶的构造尺寸　　表 3-21

炉膛高(cm)	烟道高(cm)	烟囱高(m)	炉箅间距(cm)	出油时间(h)
24	114	8	1.5～2	3.5

(12) 沥青加热保温车

如图 3-13 所示。用一般架子车作底盘，用铁板作车箱外壳，外壳内衬石棉板一层以作保温，箱内装储油桶，上部可开启，桶内的玛琋脂用完后可以取出，另换装一桶。在外壳的下面有加热室，这种车制作简单，省人力、安全。

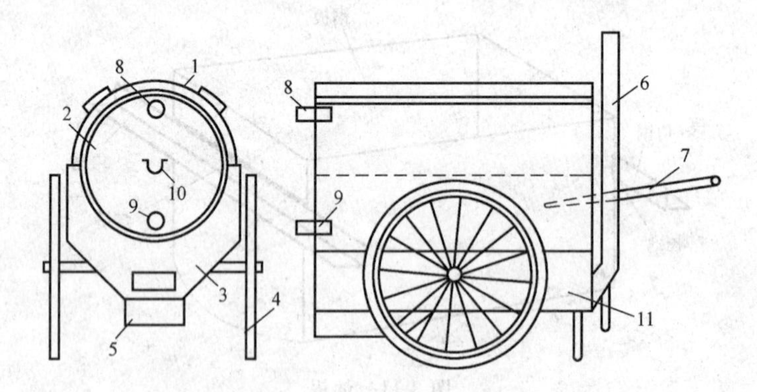

图 3-13　加热保温车

1—保温盖；2—储油桶；3—保温车箱；4—胶皮车轮；5—掏灰口；6—烟囱；7—车柄；8—储油桶出气口；9—流油嘴；10—吊环；11—加热室

(13) 手动挤压枪

如图 3-14 所示。用于嵌填筒装密封材料。规格为普通型。

(14) 嵌填工具

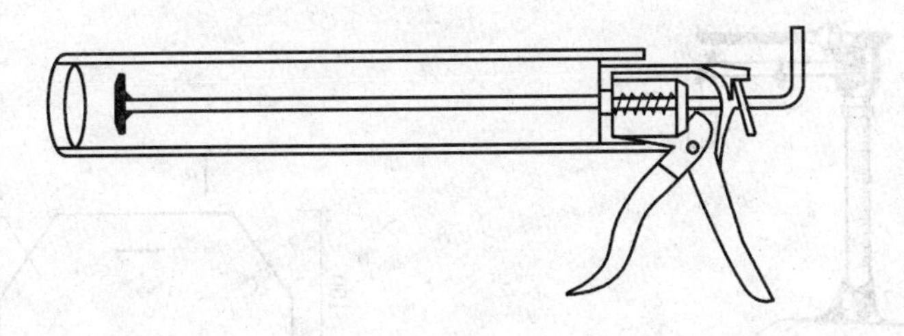

图 3-14　手动挤压枪

如图 3-15 所示。用于嵌填衬垫材料。规格可按缝深（施工需要）用竹或木自制。

（15）压辊

如图 3-16 所示。用于卷材施工压边。规格为 ϕ40mm×100mm，钢制。

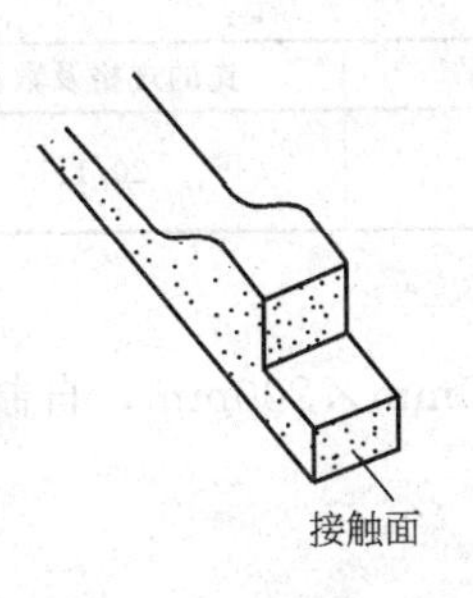

图 3-15　嵌填工具

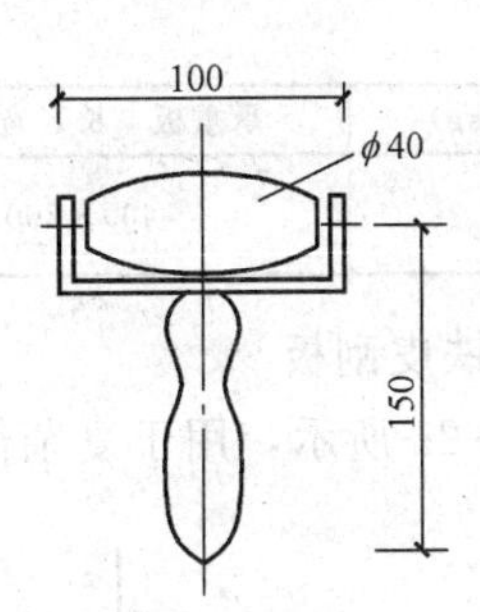

图 3-16　压辊

（16）油漆刷

如图 3-17 所示，用于涂刷涂料。规格见表 3-22。

油漆刷规格　　**表 3-22**

宽度(mm)	13	19	25	38	50	63	75	88	100	125	150

（17）滚动刷

如图 3-18 所示，用于涂刷打底料、胶粘剂等。规格：ϕ60mm×250mm、ϕ60mm×125mm。

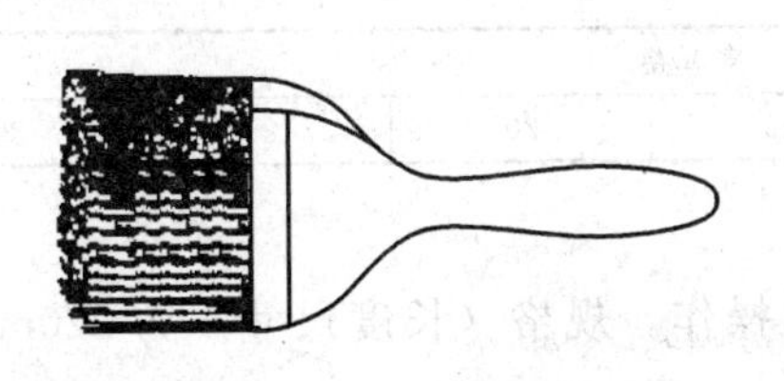

图 3-17　油漆刷

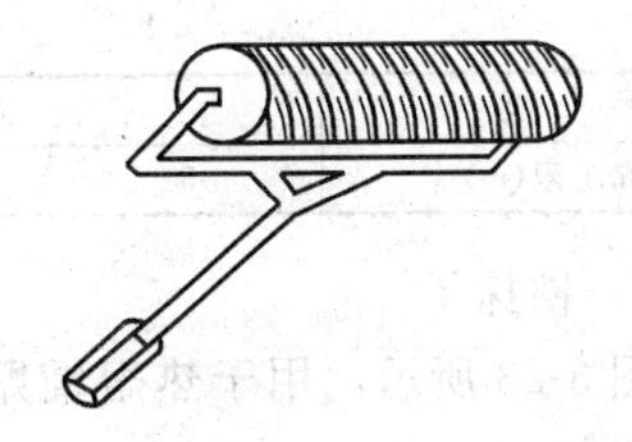

图 3-18　滚动刷

（18）磅秤

如图 3-19 所示。用于计量。TGT—50 型磅秤规格见表 3-23。

（19）胶皮刮板

如图 3-20 所示。用于刮混合料。规格为 100mm×200mm，自制。

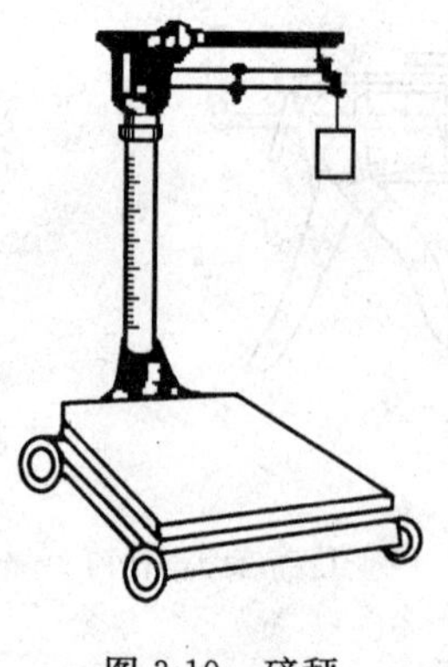

图 3-19　磅秤

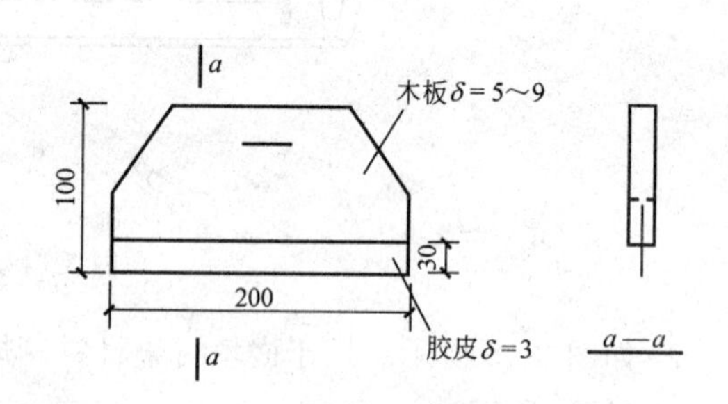

图 3-20　胶皮刮板

TGT—50 型磅秤规格　　　　**表 3-23**

最大秤重(kg)	承重板　长×宽(mm)	刻　度　值(kg)	铊的规格及数目(kg/数目)
50	400×300	最小 0.05 最大 5	20/1、10/2 、5/1

(20) 铁皮刮板

如图 3-21 所示，用于复杂部位刮混合料。规格为 100mm×200mm，自制。

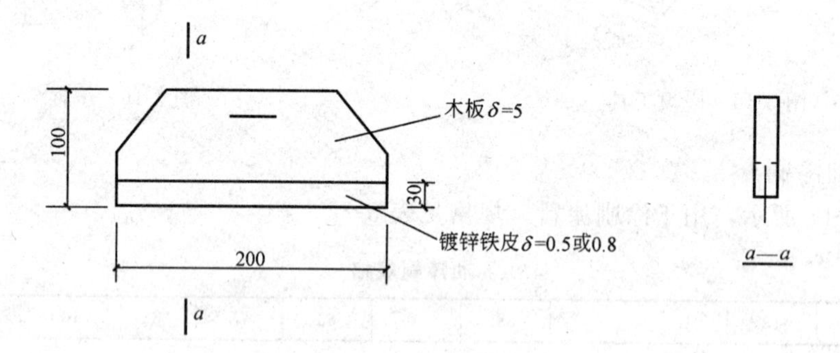

图 3-21　铁皮刮板

(21) 皮卷尺

如图 3-22 所示，用于度量尺寸。规格见表 3-24。

皮卷尺规格　　　　**表 3-24**

种　类	皮　卷　尺					
测量上限(m)	5	10	15	20	25	30

(22) 铁抹子

如图 3-23 所示，用于热熔铺贴卷材时的封边操作。规格（长度尺寸）为 220mm 左右，可自制。

(23) 钢卷尺

指小型钢卷尺（亦称钢盒尺）如图 3-24 所示，用于度量尺寸。规格见表 3-25。

小型钢卷尺规格　　　　**表 3-25**

种　类	钢　卷　尺		
测量上限(m)	1	2	3

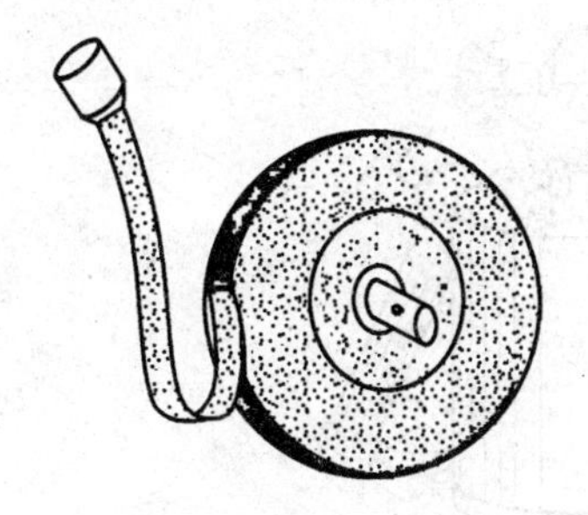

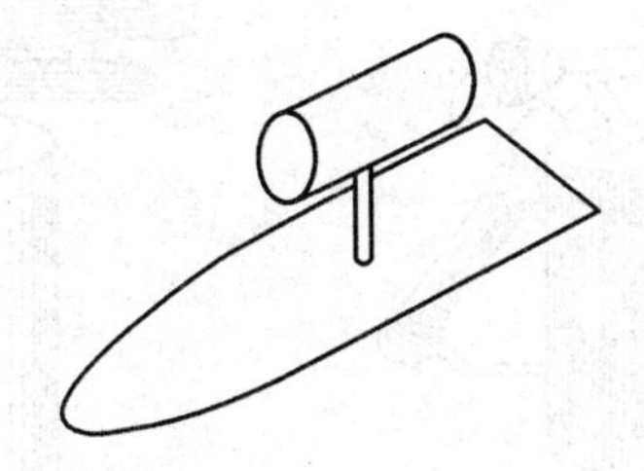

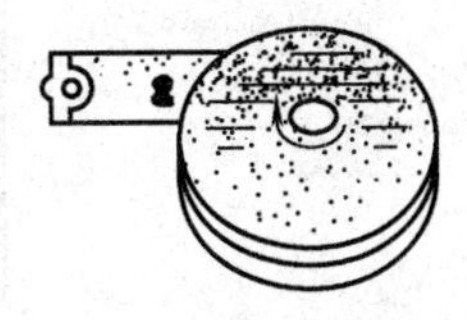

图 3-22　皮卷尺　　图 3-23　铁抹子　　图 3-24　钢卷尺

(24) 长把刷

如图 3-25 所示。用于涂刷涂料。规格为 200mm×400mm，把的长度自定。

(25) 藤、棕刷

如图 3-26 所示。用于铺贴卷材时将卷材底部的沥青胶挤出并涂薄，分为藤筋刷和棕刷两种。规格为普通型。

(26) 溜子

如图 3-27 所示。用于密封材料表面修整。规格可按需要宽度自制。

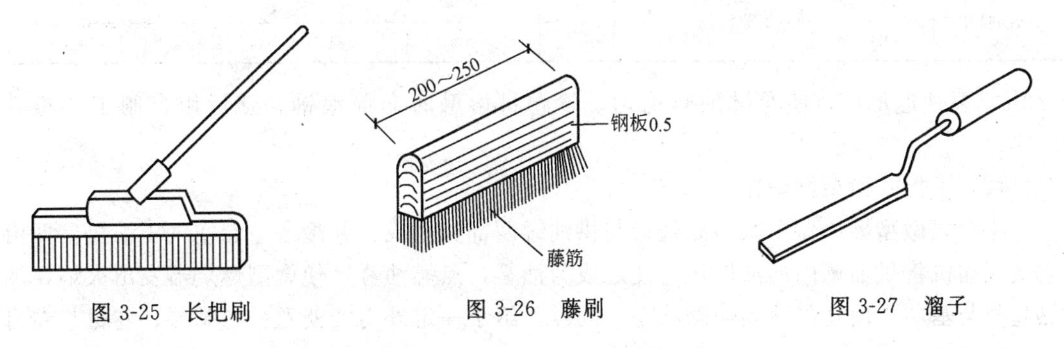

图 3-25　长把刷　　图 3-26　藤刷　　图 3-27　溜子

(27) 剪刀

用于裁剪卷材等。规格为普通型。

(28) 小线绳

用于弹基准线。规格为普通型。

(29) 彩色笔

用于弹基准线。规格为普通型。

(30) 工具箱

用于装工具等。规格可按需要自制。

1.4.2　热熔卷材施工机具

(1) 喷灯

又称为喷火灯、冲灯，如图 3-28 所示。用于热熔卷材施工。防水施工用喷灯的规格见表 3-26。

采用汽油或煤油喷灯进行热熔卷材施工，是将卷材的粘接面材料加热，使之呈熔融状态，给予一定外力后，使卷材与基层、卷材与卷材之间的粘接牢固。

施工时，将汽油喷灯点燃，手持喷灯加热基层与卷材的交界处。喷灯口距交界处约

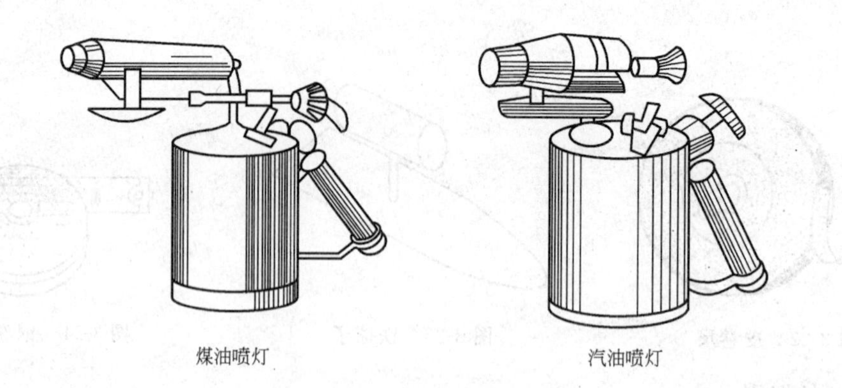

图 3-28 喷灯

防水施工用喷灯规格 **表 3-26**

品种	型 号	燃料	火焰有效长度（mm）	火焰温度（℃）	贮油量（kg）	每小时耗油量（kg）	灯净重（kg）
煤油喷灯	MD-2.5	灯用煤油	110	＞900	2.1	1～1.25	2.9
	MD-3.5		130	＞900	3.1	1.45～1.60	4.0
汽油喷灯	QD-2.5	工业汽油	150	＞900	1.6	2	3.2
	QD-3.5		150	＞900	3.1	2.1	4.0

0.3m，要往返加热，使卷材加热均匀，趁卷材熔融时向前滚铺，随后用自制工具将其压实。

（2）手提式微型燃烧器

手提式微型燃烧器由微型燃烧器与供油罐两部分组成，并配备一台空气压缩机。即由空气压缩机将供油罐内的油增压，使之成为油雾，点燃油雾，使微型燃烧器发出火焰，加热卷材与基层。使卷材达到熔融状态，同样，给予一定外力，使卷材与基层、卷材与卷材之间粘结牢固。封边等方法同喷灯施工。

1）构造简介

A. 微型燃烧器：由手柄、油路、气路及燃烧筒组成，手柄是用轻型焊把改制的。原氧气路通油，原乙炔路通压缩空气，由各自开关控制流量。油路和气路采用同心管输送，在前端有一混合管。燃烧筒用耐热钢制作，油气混合体在其内部蒸发、燃烧。燃烧筒有两种规格，一种为 ϕ50mm，主要用于大面积卷材的施工；另一种为 ϕ30mm，主要用于加热局部搭接及边角用。

施工时，按所需要的火焰长度调节气和油的开关，如图 3-29 所示。

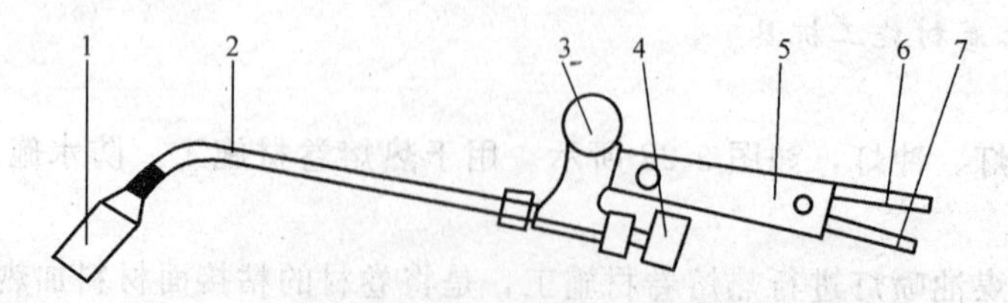

图 3-29 燃烧器结构示意图

1—燃烧筒；2—油气管；3—气开关；4—油开关；5—手柄；6—气接嘴；7—油接嘴

B. 供油罐：供油罐由罐体、油路、气路和压力表等构成，如图 3-30 所示。外形尺寸为（直径×高）ϕ300mm×500mm。

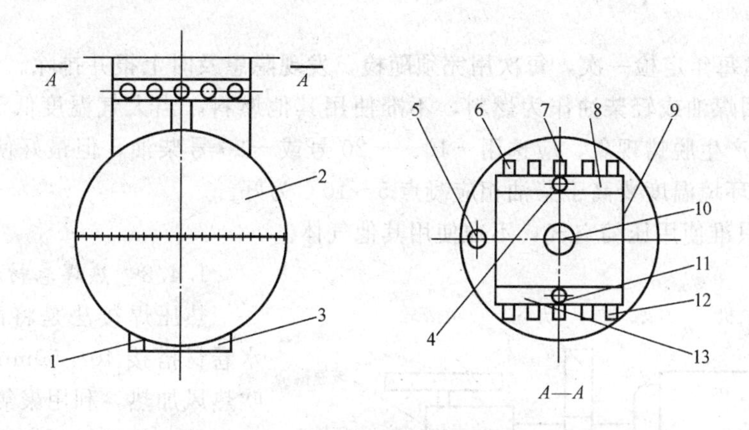

图 3-30　供油罐结构示意图

1—放油口；2—罐体；3—底座；4—通气管；5—注油口；6—气接嘴；7—来气接嘴；8—气总管；9—提手；10—压力表；11—通油管；12—油接嘴；13—油总管

燃油通过滤油器进入罐体内，由总气管接嘴输入压缩空气，压力为 0.3～0.5MPa，由出油接嘴和出气接嘴分别连接燃烧器的油路和气路，中间单独接嘴为总气管接嘴，并与压缩机的气管连接。其余并联的四个接嘴为出气接嘴；在气路另一侧并联的四个接嘴为出油接嘴。在罐体顶部安装座装有 0～1.0MPa 压力表，在罐体底部有放油口。

2）使用方法

A. 正确连接微型燃烧器与供油罐间油路与气路后，起动空气压缩机，当压缩空气压力不小于 0.5MPa 时，立即打开总气管接嘴开关，供油罐内压力迅速上升，但不得超过 0.7MPa。

B. 检查燃烧器油路和气路，不准有漏油、漏气现象。点燃一小块油布，微开油路和气路开关，当燃烧筒喷出油雾时，靠近点燃的油布，立即点燃油雾。然后，可以开大油路开关，再开大气路开关，调整火焰的长度。当油雾的空气压力达到 0.3～0.5MPa 之间，并稳定后，稍调整供油量即可。火焰长度一般以 200～500mm 为最佳，火焰要呈圆锥状紫红色，在燃烧筒出口处为淡蓝色。这时的耗油量为 2～5kg/h，且不会产生回火现象，安全性非常好。不允许冒黑烟。

停止工作与起动点火的程序相反。

3）注意事项

A. 燃烧器油路开关不可猛开猛关，以免熄火。

B. 燃烧器在运输、贮存及使用时，要妥善保护，不可乱扔、乱摔、随便拆卸或做其他工具用。尤其是燃烧筒在工作时，温度较高，更不准碰撞，以免产生变形或漏油漏气而影响火焰形状及危及安全。

C. 供油罐内压力应在 0.3～0.7MPa 范围内，小于 0.3MPa 时，燃烧器工作不正常，最大不得大于 0.7MPa。

D. 供油罐在运输或不用时，应打开接气开关及下部的放油口，将余油放出，使供油罐呈放空状态。要将存油排干净，以免发生危险。

E. 供油罐体不准碰撞或被利物划伤，应放置在低温处，要随时注意检查。使用时，也不准放在烈日下长时间曝晒，要有一定遮阳措施。以免使供油罐内压力增加，不利于安全。

F. 供油罐每年定检一次，每次用完须随检，发现隐患及时上报并排除。

G. 只准用煤油或轻柴油作为燃料，不准使用其他燃料。当大气温度低于5℃时，使用0号柴油会产生脱蜡现象，应选用－10、－20号或－30号柴油，但最好使用煤油。当使用柴油时，环境温度要高于柴油相应凝点5～10℃为好。

H. 气路只准使用压缩空气，不准使用其他气体。

1.4.3 热焊卷材施工机具

热压焊接法是将两片PVC防水卷材搭接40～50mm，通过焊嘴吹热风加热，利用聚氯乙烯材料的热塑性，使卷材的边缘部分达到熔融状态，然后用压辊加压，将两片卷材熔为一体的方法。热压焊接机械构造如图3-31所示。

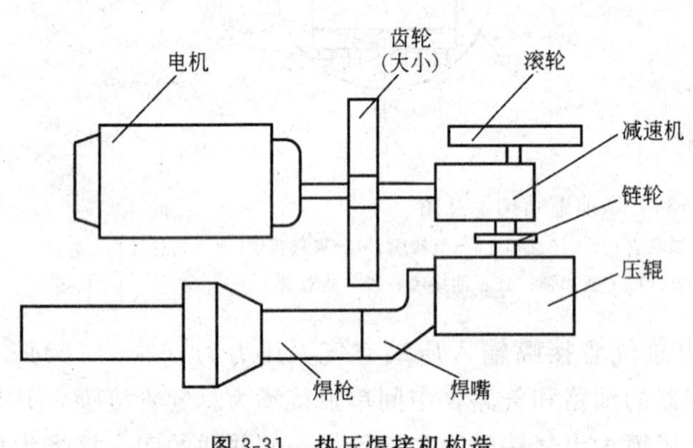

图3-31 热压焊接机构造

热压焊接机由传动系统、热风系统、转向部分组成。

热压焊接机主要用来焊接PVC防水卷材的平面直线，手动焊枪焊接圆弧及立面。

(1) 技术参数

热压焊接速度：V＝0.45m/min；

热压焊接机功率：N＝1.5kW；

热压焊接机总重量：26kg；

外形尺寸长×宽×高（mm）：706×320×900。

(2) 性能

焊接厚度：0.8～2.0mm；

搭接宽度：40～50mm；

焊枪调节温度：10～400℃。

(3) 特点

1) 使用灵活、方便，设备耐用；

2) 体积轻巧，结构简单，成本低；

3) 劳动强度低，保证质量；

4) 节约卷材；

5) 焊接不受气候的影响，风天、冬天均可施工；

6) 环境污染小。

(4) 操作程序

1) 检查焊机、焊枪、焊嘴等是否齐全、安装牢固。

2) 总启动开关合闸，接通电源。

3）先开焊枪开关，调节电位器旋钮，由零转到适合的功率，要逐步调节，使温度达到要求，预热数分钟。

4）开运行电机开关，用手柄控制运行方向，开始热压焊接施工。

5）焊接完毕，先关热压焊接机的电机开关，然后要旋转焊枪的旋钮，使之到0位，经过几分钟后，再关焊枪的开关。

（5）注意事项

1）热压焊机停机后，不准在地面上拖拉。不准存放在潮湿地方，要轻拿轻放。

2）热压焊机工作时，严禁用手触摸焊嘴，以免烫伤。

3）严格按操作程序使用，不得擅自乱动。

4）每次用完后要关掉总闸。

5）施工时，不允许穿带钉子鞋进入现场。

6）设专人操作、保养。

1.5 操作工艺流程

卷材防水层的施工通常分为热施工工艺和冷施工工艺。热施工工艺常用的施工方法多为热沥青玛琋脂粘贴法和热熔法。

热沥青玛琋脂粘贴的施工方法是边浇热玛琋脂边滚铺油毡，逐层铺贴。这是一种传统的施工方法，多用于由三毡四油（或二毡三油）构成防水层。这一方法由于在用沥青锅熬制玛琋脂时污染空气，且有发生火灾、烫伤等事故的危险，已禁止在城区内使用。

热熔法是采用火焰加热器熔化热熔型防水卷材底部的热熔胶，将防水层粘贴到屋面找平层上，此方法仅用于底层热熔胶的高聚物改性沥青防水卷材，目前此方法是城区防水施工的主要方法。

1.5.1 沥青油毡卷材屋面施工操作工艺流程（热玛琋脂粘贴法施工）

基层清理 → 沥青熬制配料 → 喷刷冷底子油 → 铺贴卷材附加层 → 铺贴屋面第一层油毡 → 铺贴屋面第二层油毡 → 铺设保护层

1.5.2 SBS改性沥青油毡屋面施工工艺流程（热熔法施工）

清理基层 → 涂刷基层处理剂 → 铺贴卷材附加层 → 铺贴卷材 → 热熔封边 → 蓄水试验 → 保护层

1.6 操作要点

1.6.1 沥青油毡卷材屋面（热玛琋脂满粘法施工）

热玛琋脂满粘法施工：是指将沥青油毡等卷材用热玛琋脂粘贴成防水层的施工操作方法。

（1）基层清理

防水屋面施工前，将验收合格的基层表面的尘土、杂物清扫干净。

（2）沥青熬制配料

1）沥青熬制：先将沥青破成碎块，放入沥青锅中逐渐均匀加热，加热过程中随时搅拌，熔化后用笊篱（漏勺）及时捞清杂物，熬至脱水无泡沫时进行测温，建筑石油沥青熬制温度应不高于240℃，使用温度不低于190℃。

2）冷底子油配制：熬制的沥青装入容器内，冷却至110℃，缓慢注入汽油，随注入随搅拌，使其全部溶解为止，配合比（重量比）为汽油70%、石油沥青30%。

3）沥青玛琋脂配制：按照本课题的1.3施工材料及其要求的1.3.2改性沥青材料·(5) 沥青玛琋脂中的规定执行。沥青玛琋脂配合成分必须由试验室经试验确定配料。

调制热沥青玛琋脂操作方法：

A. 将沥青放入锅中熔化，使其脱水不再起沫为止。

B. 如采用熔化的沥青配料时，可用体积比；如采用块状沥青配料时，应用重量比。

C. 采用体积比配料时，熔化的沥青用量勺配料，石油沥青的比重，可按1.00计。

D. 调制玛琋脂时，应在沥青完全熔化和脱水后，再慢慢地加入填充料，同时不停地搅拌至均匀为止。填充料在掺入沥青前，应干燥并宜加热。

E. 每班应检查玛琋脂耐热度和柔韧性。

(3) 喷刷冷底子油

沥青油毡卷材防水屋面在粘贴卷材前，应将基层表面清理干净，喷刷冷底子油，大面喷刷前，应将边角、管根、雨水口等处先喷刷一遍，然后大面积喷第一遍，待第一遍涂刷冷底油干燥后，再喷刷第二遍，要求喷刷均匀无漏底，干燥后方可铺粘卷材。

(4) 铺贴卷材附加层

沥青油毡卷材屋面，在女儿墙、檐沟墙、天窗壁、变形缝、烟囱根、管道根与屋面的交接处及檐口、天沟、斜沟、雨水口、屋脊等部位，按设计要求先做卷材附加层，具体要求见本部分·(10) 铺贴油毡卷材防水层细部构造。

(5) 试铺和大面积铺贴

为了确保卷材铺贴的施工质量，宜在正式铺贴前进行试铺（只对位，不粘结），并在基层上定位弹线。对水落口、立墙转角、檐沟、天沟等节点部位，应按设计要求尺寸裁剪好卷材先行铺贴。大面积铺贴卷材的操作工序是：先固定一端对位，将卷材端头掀开，在基层上涂刷热玛琋脂（或浇在基层上），随即紧贴端头卷材仔细压实、压平整，继续铺贴卷材时，需将已放开的卷材部分紧紧地卷回，对准位置继续往前铺贴。

使用热玛琋脂连续热粘卷材的方法有：浇油、刷油、刮油、撒油等方法。各种方法铺贴时，每层卷材的玛琋脂厚度须控制在1～1.5mm，面层热玛琋脂的厚度宜为2～3mm。

(6) 铺贴屋面第一层油毡

A. 铺贴油毡的方向：应根据屋面的坡度及屋面是否受振动等情况，坡度小于3%时，宜平行屋脊铺贴；坡度在3%～15%时，平行或垂直于屋脊铺贴；当坡度大于15%或屋面受振动，卷材应垂直于屋脊铺贴。

B. 铺贴油毡的顺序：高低跨连体屋面，应先铺高跨后铺低跨，铺贴应从最低标高处开始往高标高的方向滚铺，浇油应沿油毡滚动的横向成蛇形操作，铺贴操作人员用两手紧压油毡卷向前滚压铺设，应用力均匀，以将浇油挤出、粘实、不存空气为度，并将挤出沿边油刮去以平为度；粘结材料厚度直为1～1.5mm。冷玛琋脂厚度直为0.5～1mm。

C. 铺贴各层油毡搭接宽度：长边不小于70mm，短边不小于100mm。若第一层油毡采用花、条、空铺方法，其搭接长边不小于100mm，短边不小于150mm。

(7) 铺贴屋面第二层油毡

油毡防水层若为五层做法，即两毡三油。做法同第一层。操作时第二层与第一层油毡错开的搭接缝不小于250mm。搭接缝用玛琋脂封严；设计无板块保护层的屋面，应在涂刷最后一道玛琋脂时（厚度值为2～3mm）随涂随将豆石保护层撒在上面，注意均匀与粘结。

（8）铺贴屋面第三层油毡

油毡防水层若为七层做法，即三毡四油。后续的操作同第一层，即第三层油毡与第二层油毡错开搭接缝。

（9）铺设卷材防水屋面保护层

一般油毡屋面铺设绿豆砂（小豆石）保护层，豆石须洁净，粒径为3～5mm为佳，要求材质耐风化，首先涂刷2～3mm厚的热沥青玛琋脂，然后均匀撒铺豆石，要求将豆石粘结牢固。

（10）铺贴油毡卷材防水层细部构造

1）天沟、檐口防水构造

天沟、檐沟防水构造应符合下列规定：

A. 天沟、檐沟应增铺附加层。当采用沥青防水卷材时应增铺一层卷材；当采用高聚物改性沥青防水卷材或合成高分子防水卷材时宜采用防水涂膜加强附加层。涂膜防水见：本单元·课题二。

B. 天沟、檐沟与屋面、交接处的附加层宜空铺，空铺宽度应为200mm。

C. 天沟、檐沟卷材收头，应固定密封，如图3-32所示。

D. 高低跨内排水天沟与主墙交接处应采取能适应变形的密封处理，如图3-33所示。

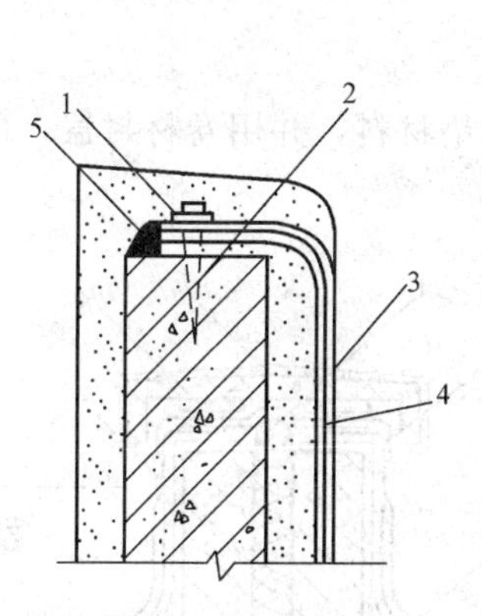

图3-32 檐沟卷材收头

1—钢压条；2—水泥钉；3—防水层；4—附加层；5—密封材料

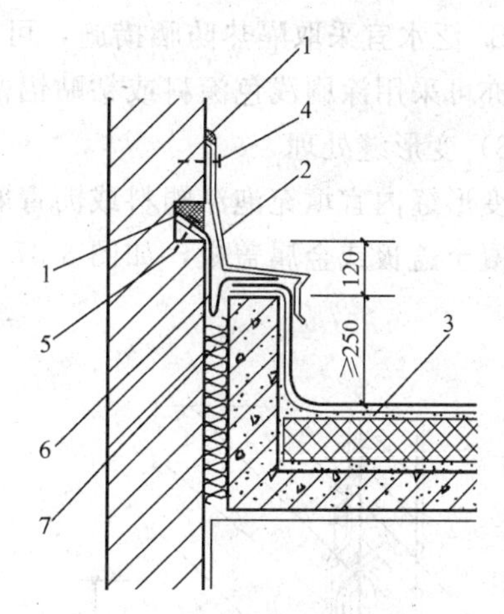

图3-33 高低跨变形缝

1—密封材料；2—金属或高分子盖板；3—防水层；4—金属压条钉子固定；5—水泥钉；6—卷材封盖；7—泡沫塑料

2）泛水防水构造

A. 铺贴泛水处的卷材应采取满粘法。泛水收头应根据泛水高度和泛水墙体材料确定收头密封形式。

（A）墙体为砖墙时，卷材收头可直接铺压在女儿墙压顶下，压顶应做防水处理，如

图 3-34 所示。

也可在砖墙上留凹槽，卷材收头应压入凹槽内固定密封，凹槽距屋面找平层最低高度不应小于 250mm，凹槽上部的墙体亦应做防水处理，如图 3-35 所示。

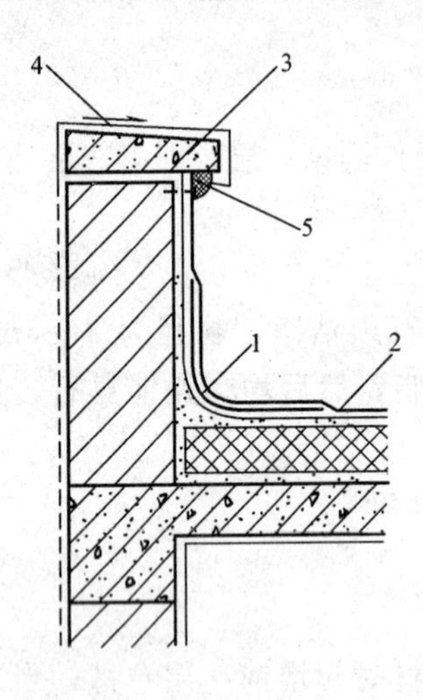

图 3-34 卷材泛水收头

1—附加层；2—防水层；3—压顶；4—防水处理；5—密封材料

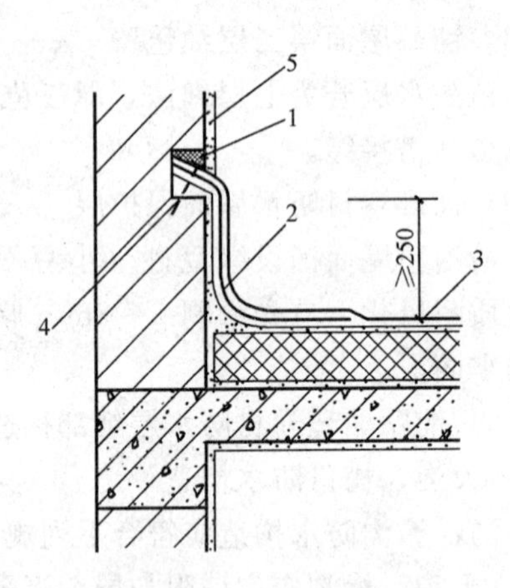

图 3-35 砖墙卷材泛水收头

1—密封材料；2—附加层；3—防水层；4—水泥钉；5—防水处理

(B) 墙体为混凝土时，卷材的收头可采用金属压条钉压，并用密封材料封固，如图 3-36 所示。

B. 泛水宜采取隔热防晒措施，可在泛水卷材面砌砖后抹水泥砂浆或浇细石混凝土保护；亦可采用涂刷浅色涂料或粘贴铝箔保护层。

3) 变形缝处理

变形缝内宜填充泡沫塑料或沥青麻丝，上部填放衬垫材料，并用卷材封盖，顶部应加扣混凝土盖板或金属盖板，如图 3-37 所示。

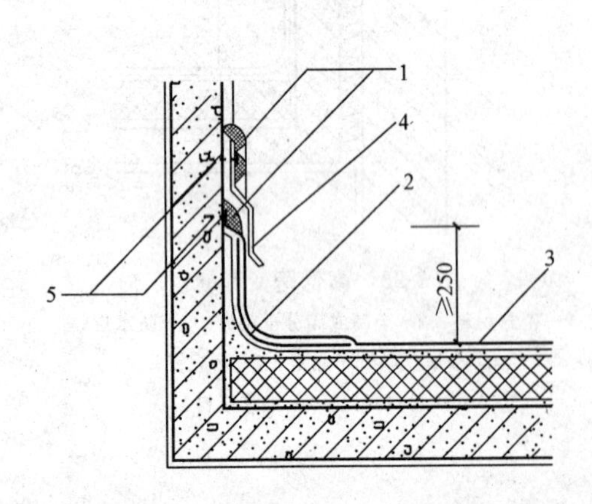

图 3-36 混凝土墙卷材泛水收头

1—密封材料；2—附加层；3—防水层；4—金属、合成高分子盖板；5—水泥钉

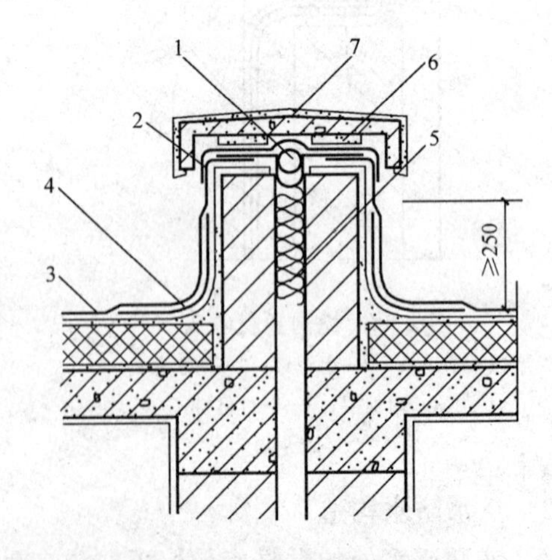

图 3-37 变形缝防水构造

1—衬垫材料；2—卷材封盖；3—防水层；4—附加层；5—沥青麻丝（或泡沫塑料）；6—水泥砂浆；7—混凝土盖板

4）水落口防水构造

水落口防水构造应符合下列规定：

A. 水落口杯宜采用铸铁或塑料制品。

B. 水落口杯埋设标高应考虑水落口设防时，增加的附加层和柔性密封层的厚度及排水坡度加大的尺寸。

C. 水落口周围直径 500mm 范围内坡度不应小于 5%，并应用防水涂料或密封材料涂封，其厚度不应小于 2mm，水落口杯与基层接触处应留宽 20mm，深 20mm 凹槽，嵌填密封材料。横式水落口如图 3-38 所示。直式水落口如图 3-39 所示。

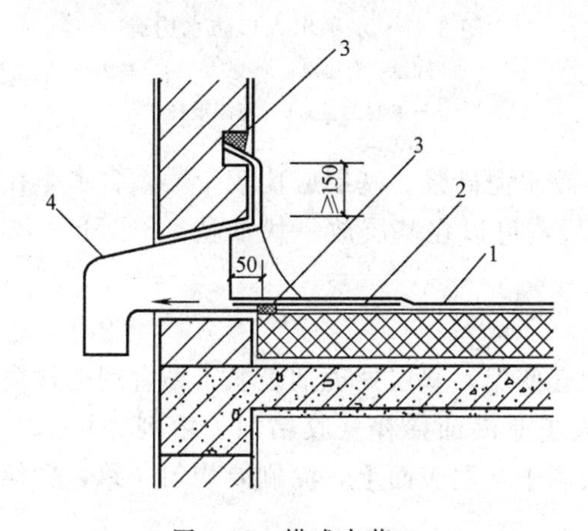

图 3-38　横式水落口

1—防水层；2—附加层；3—密封材料；4—水落口

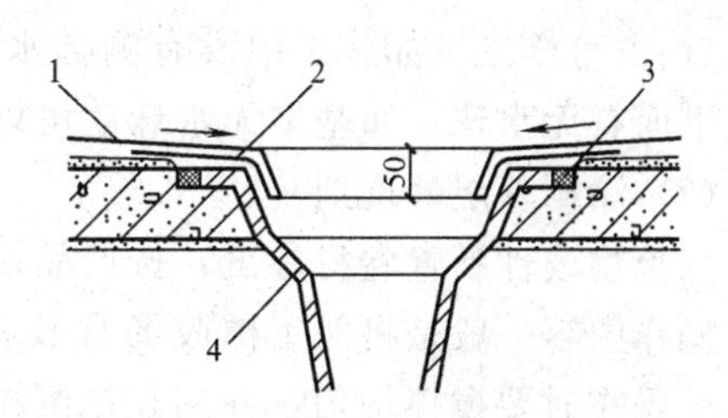

图 3-39　直式水落口

1—防水层；2—附加层；3—密封材料；4—水落口杯

5）反梁过水孔的构造

A. 应根据排水坡度要求留设反梁过水孔，图纸应注明孔底标高。

B. 留置的过水孔高度不应小于 150mm，宽度不应小于 250mm；当采用预埋管做过水孔时，管径不得小于 75mm。

C. 过水孔可采用防水涂料、密封材料防水。预埋管道两端周围与混凝土接触处应留凹槽，用密封材料封严。

6）伸出屋面管道处

伸出屋面管道周围的找平层应做成圆锥台，管道与找平层间应留凹槽，并嵌填密封材料，防水层收头处应用金属箍紧，并用密封材料封严。

7）屋面出入口

屋面垂直出入口防水层收头应压在混凝土压顶圈下，如图 3-40 所示；水平出入口防水层收头应压在混凝土踏步下，防水层的泛水应设护墙，如图 3-41 所示。

1.6.2　SBS 改性沥青油毡屋面（热熔法施工）

热熔法施工：是指用火焰加热并将热熔型防水卷材底部的热熔胶熔化，进行粘贴的施工方法。

（1）清理基层

施工前将验收合格的基层表面尘土、杂物清理干净。

基层必须坚实平整，如有松动、起鼓、面层凸出、严重粗糙，平整度不好或起砂时，

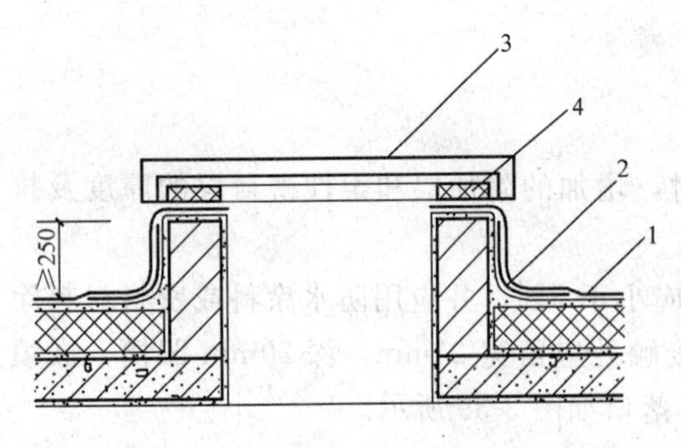

图 3-40 垂直出入口防水构造

1—防水层；2—附加层；3—人孔箍；4—混凝土压顶圈

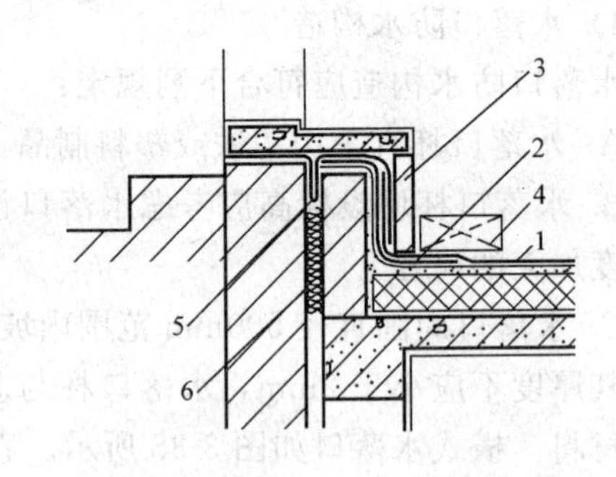

图 3-41 水平出入口防水构造

1—防水层；2—附加层；3—护墙；4—踏步；5—卷材封盖；6—泡沫塑料

必须作剔凿处理。如基层粗糙，应先抹一层 108 胶水泥砂浆。基层应比较干燥，含水率在 9%以内方可施工。如施工中没有测含水率的手段，可以在基层放一块油毡，3～5h 后看油毡下面有无水珠，如基本无水珠就可以施工。

（2）涂刷基层处理剂

高聚物改性沥青卷材施工，按产品说明书配套使用，基层处理剂是氯丁粘合剂的稀释液，操作内容一般是将氯丁橡胶沥青胶粘剂加入工业汽油稀释（胶粘剂∶溶剂＝1∶2～2.5）。操作时要搅拌均匀，并用长把滚刷均匀涂刷于基层表面上，涂刷要均匀一致，操作要迅速，一次涂好，切勿反复涂刷。

涂刷操作毕，常温下经过 4h 后，开始铺贴卷材。

（3）附加层施工

一般用改性沥青卷材施工的防水层，在女儿墙、水落口、管根、檐口、阴阳角等细部先做附加层，附加的范围应符合设计和屋面工程技术规范的规定。

（4）铺贴卷材

卷材的层数、厚度应符合设计要求。多层铺设时接缝应错开。将改性沥青防水卷材剪成相应尺寸，按合理位置用原卷心卷好备用，尤其要注意把油毡两边卷曲好。然后把喷灯点燃，用喷灯加热基层和油毡。

铺贴时随放卷随用火焰喷枪加热基层和卷材的交界处，喷枪距加热 300～500mm 左右，经往返均匀加热，至卷材表面发光亮黑色，则卷材达到表面熔化，即趁卷材的材面刚刚熔化时，将卷材向前缓慢地滚铺、粘贴，搭接部位应满粘牢固，搭接宽度满粘法为 80mm。

铺贴卷材时，完成一定量的热熔粘贴操作后，即有了一定的工作面，再持喷灯立即对卷材搭接处进行加热、封边操作，使施工形成流水。

（5）热熔封边

将卷材搭接处用喷枪加热，趁热使二者粘结牢固，即用压辊或铁抹子将边压接封牢并将挤出的熔液抹平封边；封边操作时以边缘刚刚挤出沥青为度，巧用喷灯均匀细致地把接缝接好；末端收头用密封膏嵌填严密。

（6）防水保护层施工

上人屋面按设计要求做各种刚性防水层屋面保护层。

不上人屋面做保护层有两种形式：

1）不上人屋面的保护层是在防水层表面涂刷氯丁橡胶沥青胶粘剂，随即撒石片，要求铺撒均匀，粘结牢固，形成石片保护层。

2）防水层表面涂刷银色反光涂料。

（7）屋面主要节点细部构造

屋面各部构造如图 3-42 所示。

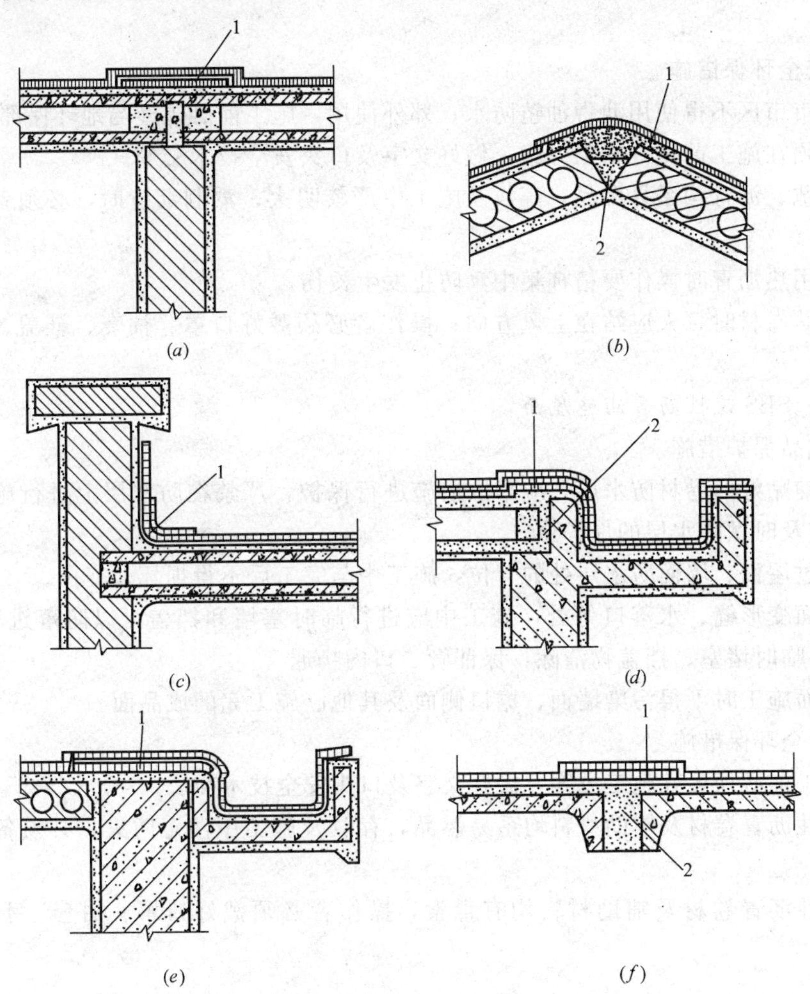

图 3-42 屋面主要节点示意图

(*a*) 屋面分仓缝；(*b*) 屋脊缝；(*c*) 女儿墙泛水；(*d*) 现浇檐沟；(*e*) 预制天沟；(*f*) 大板

1—防水层；2—水泥砂浆

（8）防水层施工完毕后，应进行全面检查，对大面积空鼓、皱折、粘结不实的疵病应及时修正。

1.7 成品保护及安全环保措施

1.7.1 沥青油毡卷材屋面

（1）成品保护措施

1）施工过程中应防止损坏已做好的保温层、找平层、防水层、保护层。防水层施工中及施工后不准穿硬底及带钉的鞋在屋面上行走。

2）施工屋面运送材料的手推车支腿应用麻布包扎，防止将已做好的面层损坏。

3）防水层施工时应采取措施防止污染墙面、檐口及门窗等。

4）屋面施工中应及时清理杂物，不得有杂物堵塞水落口、天沟等。

5）屋面施工各构造层应及时进行，特别是保护层应与防水层连续做，以保证防水层的完整。

（2）安全环保措施

1）城市市区不得使用沥青油毡防水；郊外使用，施工前必须经当地环保部门批准。

2）必须在施工前做好施工方案，做好文字及口头安全技术交底。

3）油毡、沥青均系易燃品，存放及施工中严禁明火；熬制沥青时，必须备齐防火设施及工具。

4）使用热沥青时操作要精神集中，防止发生烫伤。

5）铺贴卷材时，人应站在上风方向；操作者必须戴好口罩、袖套、鞋盖、布手套等劳保用品。

1.7.2 SBS改性沥青油毡屋面

（1）成品保护措施

1）已铺贴好的卷材防水层，应采取措施进行保护，严禁在防水层上进行施工作业和运输，并应及时做防水层的保护层。

2）穿过屋面、墙面防水层处的管位，施工中与完工后不得损坏、变位。

3）屋面变形缝、水落口等处，施工中应进行临时塞堵和挡盖，以防落进材料等物，施工完后将临时堵塞、挡盖物清除，保证管、口内畅通。

4）屋面施工时不得污染墙面、檐口侧面及其他已施工完的成品面。

（2）安全环保措施

1）施工前必须做好施工方案，做好文字及口头安全技术交底。

2）改性沥青卷材及辅助材料均系易燃品，存放及施工中注意防火，必须备齐防火设施及工具。

3）改性沥青卷材及辅助材料均有毒素，操作者必须戴好口罩、袖套、手套等劳保用品。

1.8 质量检验标准

1.8.1 沥青油毡卷材屋面

（1）主控项目

1）沥青防水卷材和胶结材料的品种、标号及玛瑶脂配合比，必须符合设计要求和屋面工程技术规范的规定。

检验方法：检查防水队的资质证明、人员上岗证、材料的出厂合格证及复验报告。

2）沥青防水卷材屋面防水层，严禁有渗漏现象。

检验方法：检查隐蔽工程验收记录及雨后检查或淋水、蓄水检验记录。

（2）一般项目

1）沥青卷材防水层的表面平整度应符合排水要求，无倒坡现象。

2）沥青防水卷材铺贴的质量，冷底子油应涂刷均匀，铺贴方法、压接顺序和搭接长度符合屋面工程技术规范的规定，粘贴牢固，无滑移、翘边、起泡、皱折等缺陷。油毡的铺贴方向正确、搭接宽度误差不大于10mm。观察及尺量。

3）泛水、檐口及变形缝的做法应符合屋面工程技术规范的规定，粘贴牢固、封盖严密；油毡卷材附加层、泛水立面收头等，应符合设计要求及屋面工程技术规范的规定。

4）沥青防水卷材屋面保护层

A. 绿豆砂保护层：粒径符合屋面工程技术规范的规定，筛洗干净，撒铺均匀，预热干燥，粘结牢固，表面清洁。

B. 块体材料保护层：表面洁净，图案清晰，色泽一致，接缝均匀，周边直顺，板块无裂纹、缺棱掉角等现象；坡度符合设计要求，不倒泛水、不积水，管根结合处严密牢固、无渗漏。立面结合与收头处高度一致，结合牢固，出墙厚度适宜。

C. 整体保护层：表面密实光洁，无裂纹、脱皮、麻面、起砂等现象；不倒泛水、不积水，坡度符合设计要求；管根结合、立面结合、收头结合牢固，无渗漏。水泥砂浆保护层表面应压光，并设1m×1m的分格缝（缝宽、深宜为10mm，内填沥青砂浆或镶缝膏）。

检验方法：观察和尺量检查。

5）排气屋面：排气道纵横贯通，无堵塞，排气孔安装牢固、位置正确、封闭严密。

6）水落口及变形缝、檐口：水落口安装牢固、平正，标高符合设计要求；变形缝、檐口薄钢板安装顺直，防锈漆及面漆涂刷均匀、有光泽。镀锌钢板水落管及伸缩缝必须内外刷锌磺底漆，外面再按设计要求刷面漆。

（3）允许偏差项目

允许偏差项目见表3-27。

油毡防水卷材屋面允许偏差　　表3-27

项　次	项　　目	允许偏差	检　查　方　法
1	卷材搭接宽度	−10mm	尺量检查
2	玛琋脂软化点	±5℃	试验
3	沥青胶结材料使用温度	−10℃	检查铺贴时测温记录及试验

1.8.2　SBS改性沥青油毡屋面

（1）主控项目

1）高聚物改性沥青防水卷材及胶粘剂的品种、牌号及胶粘剂的配合比，必须符合设计要求和有关标准的规定。

检验方法：检查防水材料及辅料的出厂合格证和质量检验报告及现场抽样复验报告。

2）卷材防水层及其变形缝、天沟、沟檐、檐口、泛水、水落口、预埋件等处的细部做法，必须符合设计要求和屋面工程技术规范的规定。

检验方法：观察检查和检查隐蔽工程验收记录。

3）卷材防水层严禁有渗漏或积水现象。

检验方法：检查雨后或淋水、蓄水检验记录。

（2）一般项目

1）铺贴卷材防水层的搭接缝应粘（焊）牢、密封严密，不得有皱折、翘边和鼓泡等缺陷；防水层的收头应与基层粘结并固定，缝口封严，不得翘边。阴阳角处应呈圆弧或钝角。

2）聚氨酯底胶涂刷均匀，不得有漏刷和麻点等缺陷。

3）卷材防水层铺贴、搭接、收头应符合设计要求和屋面工程技术规范的规定，且粘结牢固，无空鼓、滑移、翘边、起泡、皱折、损伤等缺陷。

4）卷材防水层上撒布材料和浅色涂料保护层应铺撒和涂刷均匀、粘结牢固、颜色均匀；如为上人屋面，保护层施工应符合设计要求。

5）水泥砂浆、块材或细石混凝土与卷材防水层间应设置隔离层；刚性保护层的分格缝留置应符合设计要求。

6）卷材的铺贴方向应正确，卷材搭接宽度的允许偏差项目，见表 3-28，观察和尺量检查。

高聚合物改性沥青卷材防水屋面搭接宽度允许偏差　　表 3-28

项　目	允许偏差	检查方法
卷材搭接宽度偏差	－10mm	尺量检查

课题 2　涂膜防水屋面工程施工

2.1　构造详图及做法说明

涂膜防水屋面是由各类防水涂料经重复多遍地涂刷在找平层上，静置固化后，形成无接缝、整体性好的涂膜作屋面的防水层。主要适用于屋面多道防水的一道，少量用于防水等级为Ⅲ级、Ⅳ级的屋面防水，这是由涂膜的强度、耐穿刺性能比卷材低所决定的。用高档涂料（聚氨酯、丙烯酸和硅橡胶等）作一道设防时，其耐久年限尚能达 10 年以上，但一般不会超过 15 年，其余均为中低档涂料，所以根据屋面防水等级、耐用年限对作一道设防的涂膜厚度，作了严格的规定。另外，由于涂膜的整体性好，对屋面的细部构造、防水节点和任何不规则的屋面均能形成无接缝的防水层，且施工方便。如和卷材作复合防水层，充分发挥其整体性好的特性，将取得良好的防水效果。

涂膜防水屋面的构造层次如图 3-43 所示。

涂膜防水屋面的一般规定如下：

（1）适用范围

涂膜防水屋面主要适用于防水等级为Ⅲ级Ⅳ级的屋面防水，也可用作Ⅰ级、Ⅱ级屋面多道防水设防中的一道防水层。

（2）涂膜层的厚度

沥青基防水涂膜在Ⅲ级防水屋面上单独使用时厚度不应小于 8mm，在Ⅳ级防水屋面上或复合使用时厚度不宜小于 4mm；高聚物改性沥青防水沥青防水涂膜厚度不应小于 3mm，在Ⅲ级防水屋面上复合使用时厚度不宜小于 1.5mm；合成高分子防水涂膜厚度不

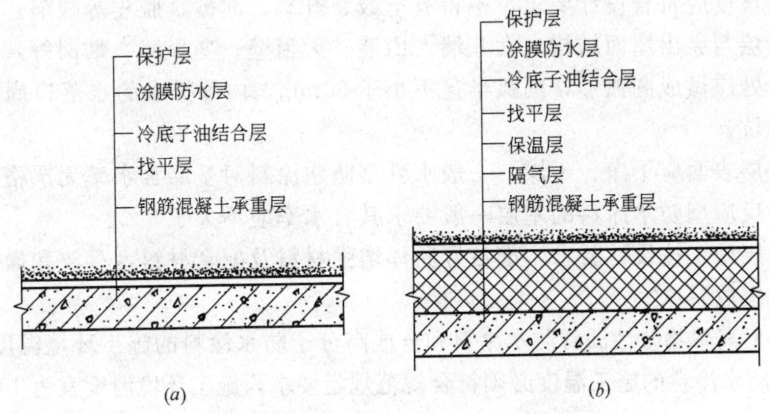

图 3-43 涂膜防水屋面构造层次示意图

(a) 不保温卷材屋面；(b) 保温卷材屋面

应小于 2mm，在Ⅲ级防水屋面上复合使用时，厚度不宜小于 1mm。

(3) 防水涂膜涂刷要求

防水涂膜应分层分遍涂布。待先涂的涂层干燥成膜后，方可涂布后一遍涂料。需铺设胎体增强材料，且屋面坡度小于 15%时可平行屋脊铺设；当屋面坡度大于 15%时应垂直屋脊铺设，并由屋面最低处向上操作。胎体长边搭接宽度不得小于 50mm；短边搭接宽度不得小于 70mm，采用二层胎体增强材料时，上下层不得互相垂直铺设，搭接缝应错开，其间距不应小于幅宽的 1/3。

在涂膜实干前，不得在防水层上进行其他施工作业。涂膜防水屋面上不得直接堆放物品。

(4) 天沟、泛水、水落口等部位的强化要求

天沟、檐沟、檐口、泛水等部位均应加铺有胎体增强材料的附加层。水落口周围与屋面交接处，应作密封处理，并加铺两层有胎体增强材料的附加层。涂膜伸入水落口的深度不得小于 50mm。

涂膜防水层的收头应用防水材料多遍涂刷或用密封材料封严。

(5) 屋面的板缝处理要求

屋面的板缝处理应符合下列规定：

1) 板缝应清理干净，细石混凝土应浇捣密实，板端缝中嵌填的密封材料应粘结牢固、封密严密。

2) 抹找平层时，分格缝应与板端缝对齐、均宽、顺直，并嵌填密封材料。

3) 涂层施工时，板端缝部位空铺的附加层每边距板缝边缘不得小于 80mm。

2.2 作业条件

(1) 施工前审核图纸，编制屋面防水施工方案，并进行技术交底。屋面防水工程必须由专业施工队持证上岗。

(2) 防水层施工前，应将伸出屋面的管道、设备及预埋件安装完毕；铺涂防水层的基层必须施工完毕，并经养护、干燥，防水层施工前应将基层表面清除干净，同时进行基层验收，合格后方可进行防水层施工。

(3) 基层坡度应符合设计要求，不得有空鼓、开裂、起砂、脱皮等缺陷。

(4) 找平层与突出屋面结构（女儿墙、山墙、天窗壁、变形缝、烟囱等）的交接处以及基层的转角处应做成圆弧形，圆弧半径不小于50mm。内部排水的水落口周围，基层应做成略低的凹坑。

(5) 找平层表面应干净、干燥，一般水乳型防水涂料对基层含水率无严格要求；对于施涂溶剂型、反应型防水涂料的基层一般要求其含水率应不大于9%。

(6) 防水层施工按设计要求，准备好胎体增强材料及配套材料，存放和操作应远离火源，防止发生事故。

(7) 溶剂型高聚物改性沥青防水涂料和合成高分子防水涂料的施工环境温度宜为－5～35℃；水乳型防水涂料的施工温度必须符合规范规定要求，施工环境温度宜为10～35℃。

2.3 施工材料及其要求

防水涂料是一类在常温下呈无定形液态，经涂布，如喷涂、刮涂、滚涂或涂刷作业，能在基层表面固化，形成一定弹性的防水膜物质，在任何复杂的基面上均易施工；同时为增强涂膜防水层的变形能力，还可在防水涂膜层中加设胎体增强材料。

(1) 防水涂料的分类

1) 防水涂料按涂料的液态类型分　可分为水乳型、溶剂型、反应型三类。

A. 水乳型　这类涂料的主要成膜物质悬浮在水中形成乳液状涂料，涂膜是通过水分挥发、固体颗粒接近、接触等而成，因而涂膜于燥慢，成膜的致密性较低，不宜低温下施工，但可在稍潮湿的基层上施工，无毒、无污染、不燃，成本较低。

B. 溶剂型　这类涂料是通过溶剂的挥发、高分子物质分子链接触、搭接等过程成膜，具有涂料干燥快、结膜较薄而致密的特点，生产工艺较简单，涂料储存稳定性较好，但易燃、易爆、有毒，储运和施工中要注意安全和防护。

C. 反应型　这类涂料是通过主要成膜物质高分子预聚物与添加物质的化学反应而结膜，可一次结成较厚的涂膜，涂膜致密且无收缩，但需配料准确、搅拌均匀，才能保证质量，成本较高。

2) 按涂料的成分分　可分为高聚物改性沥青类、合成高分子类、沥青类、水泥类防水涂料等。

根据《屋面工程质量验收规范》GB 50207—2002的要求，涂膜防水屋面的防水涂料应使用高聚物改性沥青类防水涂料与合成高分子类防水涂料。

A. 高聚物改性沥青防水涂料的质量指标

高聚物改性沥青防水涂料常用的品种有（水乳型、溶剂型）氯丁橡胶改性沥青防水涂料、SBS（APP）改性沥青防水涂料、再生胶改性沥青防水涂料等。其质量应符合表3-29的要求。

B. 合成高分子防水涂料的质量指标

合成高分子防水涂料常用的品种有聚氨酯防水涂料（单双组分）、丙烯酸酯防水涂料、硅橡胶防水涂料、聚合物水泥防水涂料等。其质量应符合表3-30的要求。

(2) 常用防水涂料

A. 高聚物改性沥青防水涂料

高聚物改性沥青防水涂料质量要求 **表 3-29**

项　　目		质　量　要　求
固体含量(%)		≥43
耐热度(80℃,5h)		无流淌、起泡和滑动
柔性(−10℃)		3mm 厚,绕 ϕ20mm 圆棒,无裂纹、断裂
不透水性	压力(MPa)	≥0.1
	保持时间(min)	≥30 不渗透
延伸(20±2℃拉伸)(mm)		≥4.5

合成高分子防水涂料质量要求 **表 3-30**

项　　目		质　量　要　求		
		反应固化型(Ⅰ类)	挥发固化型(Ⅱ类)	聚合物水泥防水涂
固体含量(%)		≥94	≥65	≥65
拉伸强度(MPa)		≥1.65	≥1.5	≥1.2
断裂延伸率(%)		≥350	≥300	≥200
柔性(℃)		−30,弯折无裂纹	−20,弯折无裂纹	−10,绕 ϕ10mm 棒无裂纹
不透水性	压力(MPa)	≥0.3		
	保持时间(min)	≥30		

(A) 水乳型氯丁橡胶沥青防水涂料　又名氯丁胶乳沥青防水涂料，是以阳离子型氯丁胶乳与阳离子型沥青乳液混合构成，氯丁橡胶及石油沥青的微粒，借助于阳离子型表面活性剂的作用，稳定分散在水中而形成的一种乳状液。

水乳型氯丁橡胶沥青防水涂料兼有橡胶和沥青的双重特性，与溶剂型同类涂料相比较，两者都以氯丁橡胶和石油沥青为主要成膜物质，故性能相似，但水乳型氯丁橡胶沥青防水涂料以水代替有机溶剂，不但成本降低，而且具有无毒、无燃爆，施工中无环境污染等优点，主要产品属阳离子水乳型。

水乳型氯丁橡胶沥青防水涂料其物理性能要求见表 3-31。

水乳型氯丁橡胶沥青防水涂料物理性能 **表 3-31**

项　　目	指　　标	项　　目	指　　标
外观	深棕色乳状液	耐碱性[在饱和的 $Ca(OH)_2$ 溶液中浸 15d]	表面无变化
黏度	0.25(Pa·s)	抗裂性(基层裂缝宽度≤2mm)	涂膜不裂
含固量	不小于 43%	涂膜干燥时间	表干:不大于 4h
耐热性(80℃,5h)	无变化		实干:不大于 24h
粘结力	不小于 0.2MPa	柔性(−15～−10℃,2h,绕 ϕ10mm 圆棒)	无裂纹
不透水性(动水压 0.1～0.2MPa,0.5h)	不透水		

(B) 溶剂型氯丁橡胶沥青防水涂料　是以氯丁橡胶改性石油沥青为基料，以汽油为溶剂，加入高分子填料、无机填料、防老剂、助剂等制成的防水涂料。

溶剂型氯丁橡胶沥青防水涂料，又名氯丁橡胶—沥青防水涂料，是在我国新型防水材料中出现较早的一个品种，20 世纪 60 年代就开始在工程上大面积使用。

氯丁橡胶是一种性能较好、产量较大的合成橡胶，氯丁橡胶沥青防水涂料是氯丁橡胶和石油沥青溶化于甲基或二甲苯中而形成的一种混合胶体溶液，其主要成膜物质是氯丁橡胶和石油沥青。

本品延伸性好，耐候性、耐腐蚀性优良，能在复杂基层形成无接缝完整的防水层，且适应基层的变形能力强。需反复多次涂刷才能形成较厚的涂膜，形成涂膜的速度较快且致密完整，能在较低温度下进行冷施工。

本品施工时应注意通风良好，施工人员应配备防护措施，溶剂易挥发，有毒，生产、贮运应远离火源，并有切实的防爆措施。

本类产品适用范围如下：工业与民用建筑混凝土屋面防水层；水池、地下室等的抗渗防潮；防腐蚀地坪的隔离层；旧油毡屋面的维修等防水工程。

溶剂型氯丁橡胶沥青防水涂料的物理性能见表 3-32。

溶剂型氯丁橡胶沥青防水涂料物理性能 **表 3-32**

项目	指标	项目	指标
外观	黑色黏稠液体	不透水性（动水压 0.2MPa，3h）	不透水
耐热性（85℃，5h）	无变化	耐裂性（基层裂缝≤0.8mm）	涂膜不裂
粘结力	不小于 0.25MPa	耐碱性（饱和 $Ca(OH)_2$ 溶液 15d）	无变化
低温柔韧性（−40℃，1h，绕 ϕ5mm 圆棒弯曲）	无裂纹		

（C）水乳型 SBS 改性沥青防水涂料　是以石油沥青为基料，添加 SBS 热塑性弹性体等高分子材料制成的水乳型弹性防水涂料。

已有研究结果表明，在石油沥青中掺入一定量的 SBS，经特定工艺加工，其共混物切片在光学显微镜下呈现出清晰的网—网相叠结构，在涂膜中形成良好的弹性中心和弹性链，从而使石油沥青的内聚强度、低温柔性和高温耐热性能得到大大改善。

水乳型 SBS 改性沥青防水涂料的生产可包括石油沥青与 SBS 的共混改性、乳化剂水溶液的制备及改性沥青的乳化等主要工序。

本品具有优良的低温柔性和抗裂性能，涂覆和粘结性好，无嗅、无毒、不燃、冷施工、干燥快。耐候性好，夏天不流淌、冬天不龟裂，不变脆。对水泥板、混凝土板、木板、砖、泡沫塑料板、油毡、铁板、玻璃板等各种质材的基层均有良好的粘结力，是一种理想的防水、防潮、防渗材料。其可与玻璃布或聚酯无纺布组合作复合防水层，用于屋面、墙体、地下室、卫生间、贮水池、仓库、桥梁、地下管道等建筑物的防水防渗工程，也适用于振动较大的工业厂房建筑工程。

冶金部建研院新材料试验厂生产的水乳型 SBS 改性沥青防水涂料其技术性能指标要求见表 3-33。

水乳型 SBS 改性沥青防水涂料技术性能 **表 3-33**

项目	指标	项目	指标
固体含量	≥50%	不透水性　动水压 0.1MPa，保持时间 30min	不透水
粘结强度	≥0.3MPa		
低温柔性　绕 ϕ3mm 棒，−20℃	无裂纹	耐腐蚀性［在饱和 $Ca(OH)_2$ 溶液或 1% H_2SO_4 溶液中浸泡 15d］	无变化
耐热度　80℃，恒温 5h	无变化		
抗裂性［基层裂缝宽度 mm，(20±2)℃，膜厚 0.3～0.4mm］	≥1	人工老化（水冷氙灯照射 300h）	无异常

（D）溶剂型 SBS 改性沥青防水涂料　是以石油沥青为基料，采用 SBS 热塑性弹性体作沥青的改性材料，配合以适量的辅助剂、防老剂等制成的溶剂型弹性防水涂料。

该产品具有优良的防水性、粘结性、弹性和低温柔性，因此是一种性能良好的建筑防水涂料，广泛应用于各种防水防潮工程，如工业、民用建筑的屋面防水、水箱、水塔、水闸以及各种地下、海底设施等的防水、防潮工程。对渗漏的旧沥青油毡屋面和刚性防水屋面以及石棉瓦屋面修补效果特别显著。

常州市武进防水材料厂生产的溶剂型 SBS 改性沥青防水涂料其技术性能指标要求见表 3-34。

溶剂型 SBS 改性沥青防水涂料技术性能指标 **表 3-34**

项　目	指　标	项　目	指　标
耐热性　80℃，恒温 5h	无变化	耐裂性(涂膜厚 1mm 时，裂缝宽小于 2mm)	不开裂
低温柔性　−20℃	无裂纹	不透水性(动水压，30min)0.1MPa	不透水
粘结强度	不小于 0.2MPa	抗拉延伸率	＞500％

(E) 水乳型橡胶沥青类防水涂料　是国外通用的一种防水涂料，但这类涂料在国外是以合成胶乳（如丁苯胶乳、氯丁胶乳等）为原料的，我国近几年发展起来的氯丁胶乳沥青防水涂料即属此范畴。以合成胶乳与沥青乳液配成的这类涂料，其性能虽较好，但对我国来说，合成胶乳仍是价格较昂贵而来源有限的材料。为了获取合成胶乳的替代物，我国科技作者用再生橡胶（由废橡胶再生而得）通过人工水分散制得再生胶乳。从而配制出水乳型橡胶沥青类防水涂料中的新品种——水乳型再生橡胶沥青防水涂料。

水乳型再生橡胶沥青防水涂料是以石油沥青为基料，以再生橡胶为改性材料复合而成的水性防水材料。

该产品的主要成膜物质是：再生橡胶和石油沥青，与溶剂型的同类产品相比较，由于以水代替了汽油，因而具备了水乳型涂料的一系列优点。

该产品是由阴离子型再生胶乳和沥青乳液混合构成，是再生橡胶和石油沥青的微粒借助丁：阴离子型表面活性剂的作用，稳定分散在水中而形成的一种乳状液。

该产品主要特点如下：

a. 能在复杂基面形成无接缝防水膜，需多遍涂刷才能形成较厚的涂膜；

b. 该涂膜具有一定的柔韧性和耐久性；

c. 本品以水作为分散介质，具有无毒、无味、不燃的优点，安全可靠，冷施工，不污染环境，操作简单，维修方便，产品质量易受生产条件影响，涂料成膜及贮存中其稳定性易出现波动；

d. 可在稍潮湿但无积水的基面施工；

e. 原料来源广泛，价格较低。

生产本品的主要原材料是石油沥青、再生橡胶以及乳化剂、分散剂等。其生产工艺可简单概括为沥青的乳化、再生胶的乳化和水乳型再生橡胶沥青防水涂料的配制三道工序，在分别完成对沥青和再生胶的乳化之后，可根据实际需要，按乳化沥青和再生橡胶的一定比例调配即成水乳型再生胶沥青防水涂料。

该产品目前在国内已有较大量的生产，产品除使用原名外，还有 SR、JC—2、XL 冷胶料等多种简称和代号。产品的包装亦有一液包装或分 A 液、B 液双组分包装等多种形式。本品的双组分包装，A 夜为浮化再生橡胶，B 液为阴离子型乳化沥青。本品已在我国获得较为广泛的应用。

该产品其适用范围如下：各类工业与民用建筑混凝土基层屋面；楼层浴厕间、厨房间防水；以沥青珍珠岩为保温层的保温层屋面防水；地下混凝土建筑防潮；旧油毡屋面翻修和刚性自防水屋面的维修。

水乳型再生橡胶沥青防水涂料的技术指标执行行业标准《水性沥青基防水涂料》JC 408—91。其技术性能见表 3-35。

水乳型再生橡胶沥青防水涂料技术指标 表 3-35

项　目	指　标	项　目	指　标
外观	黏稠黑色乳状液	低温柔韧性(−10℃,2h,绕 ϕ10mm 圆棒弯曲)	无裂缝
含固量	≥45%	不透水性(动水压 0.1MPa,0.5h)	不透水
耐热性(80℃,恒温 5h)	涂层不起泡,不皱皮	耐碱性(饱和 $Ca(OH)_2$ 溶液中浸 15d)	表面无变化
粘结力(8 字模法)	≥0.2MPa	耐裂性(基层裂缝 2mm)	涂膜不开裂

(F) 溶剂型再生橡胶沥青防水涂料　又名再生橡胶—沥青防水涂料、JC—1 橡胶沥青防水涂料，是以再生橡胶为改性剂，以汽油为溶剂，添加进各种填料而制成的防水涂料。

该产产品特点如下：

a. 能在各种复杂基面形成无接缝的涂膜防水层，具有一定的柔韧性和耐久性，但本品应进行数次涂刷，才能形成较厚的涂膜；

b. 本品以汽油为溶剂，故涂料干燥固化迅速，但在生产、贮存、运输、使用过程中有燃爆危险，应严禁烟火，并配备消防设备；

c. 本品可在常温和低温度下进行冷施工，施工时，应保持通风良好，及时扩散挥发掉汽油分子，故对环境有一定污染；

d. 本品生产所用原材料来源广泛，生产成本较低；

e. 本品的延伸等性能比溶剂型氯丁橡胶沥青防水涂料略低。

本品的适用范围如下：工业及民用建筑混凝土屋面的防水层；楼层厕浴间、厨房间的防水；旧油毡屋面维修和翻修；地下室、水池、冷库、地坪等的抗渗、防潮等；一般工程的防潮层、隔气层。

溶剂型再生橡胶沥青防水涂料其技术性能要求见表 3-36。

溶剂型再生橡胶沥青防水涂料技术性能 表 3-36

项　目	指　标
外观	黑色黏稠胶液
耐热性[(80±2)℃,垂直放置 5h]	无变化
粘结力[在(20±2)℃下,十字交叉法测拉伸强度]	0.2～0.4MPa
低温柔韧性(−10～−28℃,绕 ϕ1mm 及 ϕ10mm 轴棒弯曲)	无网纹、裂纹、剥落
不透水性(动水压 0.2MPa,2h)	不透水
耐裂性[在(20±2)℃下,涂膜厚 0.3～0.4mm,基层裂缝 0.2～0.4mm]	涂膜不裂
耐碱性[20℃在饱和 $Ca(OH)_2$ 溶液中浸 20d]	无剥落、起泡、分层、起皱
耐酸性(在 1% H_2SO_4 溶液中浸 15d)	无剥落、起泡、斑点、分层、起皱

B. 合成高分子防水涂料

合成高分子防水涂料是以合成橡胶或合成树脂为主要成膜物质，加入其他辅助材料而配制成的单组分或多组分的防水涂膜材料。

合成高分子防水涂料的种类繁多，不易明确分类，通常情况下，一般都按化学成分即按其不同的原材料来进行分类和命名，如进一步简单地按其形态进行分类，则主要有三种类型，一类为乳液型，属单组分高分子防水涂料中的一种，其特点是经液状高分子材料中的水分蒸发而成膜；第二类是溶剂型，也是单组分高分子防水涂料中的一种，其特点是经液状高分子材料中的溶剂挥发而成膜；第三类为反应型，属双组分型高分子涂料，其特点是用液状高分子材料作为主剂与固化剂进行反应而成膜（固化）。

（A）聚氨酯防水涂料　又名聚氨酯涂膜防水材料，是由异氰酸酯基（—NCO）的聚氨酯预聚体（甲组分）和含有多羟基（—OH）或胺基（—NH_2）的固化剂及其助剂的混合物（乙组分）按一定比例混合所形成的一种反应型涂膜防水材料。

聚氨酯防水涂料多以双组分形式使用。我国目前有两种类型的聚氨酯防水涂料：一种是焦油系列双组分聚氨酯涂膜防水材料；另一种是非焦油系列双组分聚氨酯涂膜防水材料，由于这类涂料是借组分间发生化学反应而直接由液态变为固态，几乎不产生体积收缩，故易于形成较厚的防水涂膜。

聚氨酯防水涂料的聚氨酯预聚体一般是以过量的异氰酸酯化合物与多羟基聚酯或聚醚进行反应，生成末端带有异氰酸基的高分子化合物，这是聚氨酯防水涂料的主剂。预聚体中的异氰酸酯基很容易与带活性氢的化合物（如乙醇、胺、多元醇、水等）反应，但与不含活性氢的化合物较难反应。固化剂的作用则是用来与预聚体反应，以制成橡胶状弹性体。其由交联剂（与异氰酸酯进行反应的活性氢化合物）与填料、改性剂、稳定剂以及用来调节反应速度的促进剂经混合搅拌而成。

由于可供选择的反应剂种类繁多，所以合成的聚氨酯可具有各种各样的性能，包括做成各种颜色。聚氨酯防水涂料具有优异的耐油、耐磨、耐臭氧、耐海水侵蚀及一定的耐碱性能，柔软，富有弹性，对基层伸缩和开裂的适应性强，粘结性能好，并且由于固化前是一种无定形黏稠物质，故对于形状复杂的屋面、管道纵横部位、阴阳角、管道根部及端部收头都容易施工，因此是目前世界上最常用和有发展前途的高分子防水材料。

聚氨酯防水涂料属橡胶系，我国20世纪70年代中期开始研制。北京市建筑工程研究院研制的聚氨酯防水涂料，其甲组分由甲苯二异氨酸酯、二苯基甲烷二异氰酸酯与丙二醇醚、丙三醇醚等原料在加热搅拌下，经过氢转移的加成聚合反应制成；乙组分主要是胺类固化剂或羟基类固化剂，加入适量的煤焦油以及增塑剂，防霉剂、填充剂、促进剂等，在加热搅拌条件下制成的一种混合物。辅助材料有二甲苯、乙酸乙酯、二月桂酸二丁基锡、苯磺酰氯、石渣等。江苏省化工研究所研制的聚氨酯防水涂料，是以合成新型多元醇，并采用组合聚醚与TDI反应制得预聚体，并以扩链剂制成。我国聚氨酯防水涂料大量生产和应用始于20世纪80年代初，至今在全国各地已大量生产和应用，但绝大部分是焦油聚氨酯防水涂料，国外常见的高弹性（非焦油）聚氨酯防水涂料，近年来。我国亦已生产、应用。

聚氨酯防水涂料的优缺点见表3-37。

聚氨酯防水涂料已发布行业标准JC 500—92，其技术性能要求见表3-38。

聚氨酯防水涂料适用于各种屋面防水工程（须覆盖保护层），地下建筑防水工程、厨房、浴室、卫生间防水工程、水池、游泳池防漏、地下管道防水、防腐蚀工程等。

（B）丙烯酸酯防水涂料　是以纯丙烯酸共聚物、改性丙烯酸或纯丙烯酸酯乳液为主要成分，加入适量填料、助剂及颜料等配制而成，属合成树脂类单组分防水涂料。

聚氨酯防水涂料的优缺点 **表 3-37**

优　点	缺　点
1. 固化前为无定形黏稠状液态物质，在任何复杂的基层表面均易于施工，对端部收头容易处理，防水工程质量易于保证 2. 化学反应成膜，几乎不含溶剂，体积收缩小，易做成较厚的涂膜，涂膜防水层无接缝，整体性强 3. 冷施工作业，操作安全 4. 涂膜具有橡胶弹性，延伸性好，拉伸强度和撕裂强度均较高 5. 对在一定范围内的基层裂缝有较强的适应性	1. 原材料为较昂贵的化工材料，故成本较高，售价较贵 2. 施工过程中难以使涂膜厚度做到像高分子防水卷材那样均匀一致。为使防水涂膜的厚度比较均一，必须要求防水基层有较好的平滑度，并要加强施工技术管理，严格执行施工操作规程 3. 有一定的可燃性和毒性 4. 本涂料为双组分反应型，须在施工现场准确称量配合，搅拌均匀，不如其他单组分涂料使用方便 5. 必须分层施工，上下覆盖，才能避免产生直通针眼气孔

聚氨酯防水涂料的技术性能 **表 3-38**

序号	试验项目	等级 指标要求	一　等　品	合　格　品
1	拉伸强度(MPa)	无处理	>2.45	>1.65
		加热处理	无处理值的 80%～150%	不下于无处理值的 80%
		紫外线处理	无处理值的 80%～150%	不下于无处理值的 80%
		碱处理	无处理值的 60%～150%	不下于无处理值的 60%
		酸处理	无处理值的 80%～150%	不下于无处理值的 80%
2	断裂时的延伸率(%)	无处理	>450	>350
		加热处理	>300	>200
		紫外线处理	>300	>200
		碱处理	>300	>200
		酸处理	>300	>200
3	加热伸缩率(%)	伸　长	<1	
		缩　短	<4	<6
4	拉伸时的老化	加热老化	无裂缝及变形	
		紫外线老化	无裂缝及变形	
5	低温柔性(℃)	无处理	−35 无裂缝	−30 无裂缝
		加热处理	−30 无裂缝	−25 无裂缝
		紫外线处理	−30 无裂缝	−25 无裂缝
		碱处理	−30 无裂缝	−25 无裂缝
		酸处理	−30 无裂缝	−25 无裂缝
6	不透水性 0.3MPa　30min		不渗漏	
7	固体含量(%)		≥94	
8	使用时间(min)		≥20 黏度不大于 105MPa·s	
9	涂膜表干时间(h)		≤4 不粘手	
10	涂膜实干时间(h)		≤12 无黏着	

这类防水涂料的最大优点是具有优良的耐候性、耐热性和耐紫外线性，在−30～80℃范围内性能基本无多大变化。延伸性能好，可达 250%，能适应基层一定幅度的开裂变形，一般为白色，但可通过着色使之具有各种色彩，故使防水层兼有装饰和隔热效果。

丙烯酸酯防水涂料的优缺点见表 3-39。

本品其制备方法一般是先在丙烯酸主要成分中按一定配比掺入当作乳化剂使用的表面活性剂、聚合引发剂，进行乳液聚合，制成乳液。然后加入成膜助剂（聚结剂）、防老剂、增黏剂、稳定剂等混合即可得最终产品。

丙烯酸酯防水涂料的优缺点 **表 3-39**

优　　点	缺　　点
1. 能在复杂的基层表面施工 2. 以水作为分散介质，无毒、无味、不燃，安全可靠，可在常温下冷施工作业，不污染环境，操作简单，维修方便 3. 可配成多种颜色，兼具防水、装饰效果 4. 可在稍潮湿而无积水的表面施工	1. 以高分子化合物为主要原材料，故成本较高 2. 施工过程中难以使涂膜厚度做到像高分子卷材那样均匀一致，故必须要求基层有较好的平整度 3. 属水乳型涂料，固体含量比反应型涂料低，故要达到相同厚度，单位面积涂料使用量较大 4. 必须分层多次涂刷，上下覆盖，才能避免产生直通针眼、气孔，气温低于5℃不宜施工

在我国，丙烯酸酯类防水涂料是以丙烯酸树脂乳液为主体，加入各种助剂，有些产品还加入某些橡胶乳液等作改性剂配制而成，均属合成树脂类防水涂料范畴。国外有以丙烯酸橡胶乳液为主体的防水涂料，属合成橡胶类防水涂料，但目前在国内尚不多见。

丙烯酸酯类防水涂料具有水乳型高分子树脂类防水涂料的一切特性，我国在20世纪80年代初就研制并应用于屋面防水工程，但以应用丙烯酸酯屋面浅色隔热防水涂料品种为多。这类产品是作为黑色防水层表面附加层的一种用法，效果较好。近几年来，随着我国科技的进步，作为防水涂层主体的用途亦已出现。

丙烯酸酯防水涂料的技术性能见表3-40。

丙烯酸酯防水涂料的技术性能 **表 3-40**

序　号	试　验　项　目		指　　标	
			Ⅰ类	Ⅱ类
1	拉伸强度(MPa)　≥		1.0	1.5
2	断裂延伸率(%)　≥		300	300
3	低温柔性　绕 ϕ10mm 棒		−10℃，无裂纹	−20℃，无裂纹
4	不透水性　0.3MPa，0.5h		不透水	
5	固体含量(%)　≥		65	
6	干燥时间(h)	表干时间　≤	4	
		实干时间　≤	8	
7	老化处理后的拉伸强度保持率(%)	加热处理　≥	80	
		紫外线处理　≥	80	
		碱处理　≥	60	
		酸处理　≥	40	
8	老化处理后的断裂延伸率(%)	加热处理　≥	200	
		紫外线处理　≥	200	
		碱处理　≥	200	
		酸处理　≥	200	
9	加热伸缩率(%)	伸长　≤	1.0	
		缩短　≤	1.0	

本品的适用范围是：建筑屋面、墙面防水、防潮；地下混凝土建筑、厨房间、厕浴间的防水、防潮；防水维修工程。

(3) 胎体增强材料

涂膜胎体增强材料的品种主要有聚酯无纺布、化纤无纺布、玻璃纤维布等数种。

聚酯无纺布俗称涤纶，它的拉伸强度高，属高拉力、较高延伸率的胎体材料。纤维布向无规则，不分层，无空洞等现象，纤维均匀无团状、条状，布面平整无折皱，主要性能要求见表3-41中Ⅰ。

化纤无纺布则以维尼龙纤维为主，是拉伸强度低、延伸率高的胎体材料，无规则、无经纬的化纤无纺布，不分层，无空洞等现象，纤维均匀，无团状和条状，布面平整无折皱。主要性能要求见表 3-41 中Ⅱ。

胎体增强材料质量要求　　表 3-41

项　目		质量要求①		
		Ⅰ	Ⅱ	Ⅲ
外　观		均匀、无团状,平整无折皱		
拉力(宽 50mm)(N)	纵向	≥150	≥45	≥90
	横向	≥100	≥35	≥50
延伸率(%)	纵向	≥10	≥20	≥3
	横向	≥20	≥25	≥3

① Ⅰ类为聚酯无纺布；Ⅱ类为化纤无纺布；Ⅲ类为玻璃纤维网布。

玻璃纤维布，属中等拉伸强度，延伸率低的胎体材料，施工铺布时不容易铺平贴，容易产生胎体外露现象，外露的胎体耐老化极差，所以不能在屋面防水等级为Ⅲ级的一道设防中使用。

（4）涂膜防水层的厚度要求

屋面防水涂膜施工时，防水涂膜的厚度必须符合《屋面工程技术规范》的要求，见表 3-42。

涂膜厚度选用表　　表 3-42

屋面防水等级	设防道数	高聚物改性沥青防水涂料	合成高分子防水涂料
Ⅰ级	三道或三道以上设防	—	不应小于 2mm
Ⅱ级	二道设防	不应小于 3mm	不应小于 2mm
Ⅲ级	一道设防	不应小于 3mm	不应小于 1.5mm
Ⅳ级	一道设防	不应小于 2mm	—

2.4　施工工具及其使用

同单元 3·课题 1·1.4 标题“施工工具及其使用”中的内容。

2.5　操作工艺流程

（1）单独涂布涂膜防水层工艺流程如图 3-44 所示。

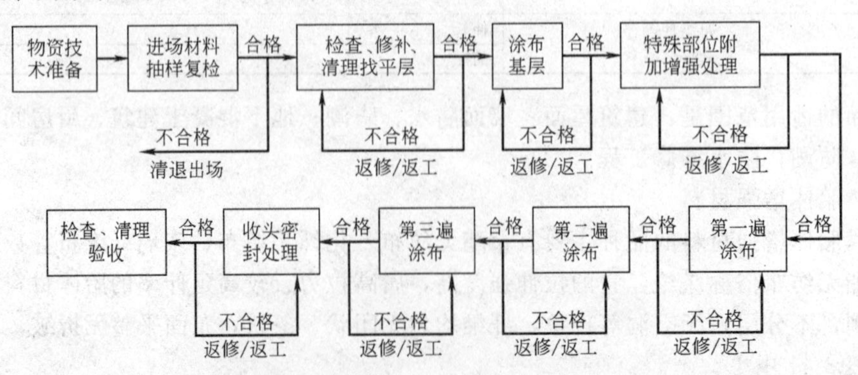

图 3-44　单独涂布涂膜防水工艺流程

（2）铺贴胎体增强材料的涂布涂膜防水工艺流程如图 3-45 所示。

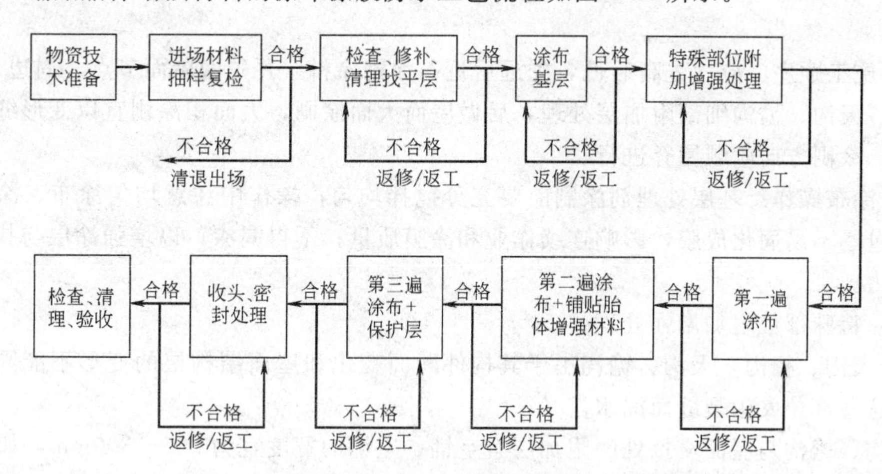

图 3-45　铺贴胎体增强材料的涂布涂膜防水工艺流程

2.6 操作要点

2.6.1　沥青基防水涂膜施工

（1）检查找平层

1）检查找平层质量是否符合规定和设计要求，并进行清理、清扫。若存在凹凸不平、起砂、起皮、裂缝、预埋件固定不牢等缺陷，应及时进行修补，修补方法按表 3-43 要求进行。

找平层缺陷的修补方法　　　　**表 3-43**

缺陷种类	修　补　方　法
凹凸不平	铲除凸起部位。低凹处应用 1∶2.5 水泥砂浆掺 10%～15%的 108 胶补抹，较浅时可用素水泥掺胶涂刷；对沥青砂浆找平层可用沥青胶结材料或沥青砂浆填补
起砂、起皮	要求防水层与基层牢固粘结时必须修补。起皮处应将表面清除，用水泥素浆掺胶涂刷一层，并抹平压光
裂缝	当裂缝宽度小于 0.5mm 时，可用密封材料刮封；当裂缝宽度大于 0.5mm 时，沿缝凿成 V 形槽((20×15～20)mm)，清扫干净后嵌填密封材料，再做 100mm 宽防水涂料层
预埋件固定不牢	凿开重新灌筑掺 108 胶或膨胀剂的细石混凝土，四周按要求做好坡度

2）检查找平层干燥度是否符合所用防水涂料的要求。

涂膜防水是在涂料涂刷干燥后才能成膜，因此，涂刷前基层必须干燥；加之涂料由流态成为固态防水膜同样需要在干燥环境下完成。

含水率测定方法如下：

可用高频水分测定仪测定，或采用 1.5～2.0mm 厚的 1.0m×1.0m 橡胶板覆盖基层表面，3～4h 后观察其基层与橡胶板接触面，若无水印，即表明基层含水率符合施工要求。

3）合格后方可进行下步工序。

（2）涂布基层

1）基层处理剂的配制　对于溶剂型防水涂料可用相应的溶剂稀释后使用，以利于渗透，如：溶剂型 SBS 改性沥青防水涂料用汽油做稀释剂，稀释比例，涂料：汽油＝1：0.5。

2）施工顺序　应“先高后低，先远后近”涂刷涂料。并先做屋面节点、周边、拐角、水落口、天沟、檐沟细部附加层处理，后做屋面大面涂刷，大面积涂刷宜以变形缝为界分段作业。涂刷方向应顺屋脊进行。

3）涂布操作　基层处理剂涂刷前要充分搅拌均匀；操作中注意均匀涂布、涂刷厚薄一致，过厚不易固化成膜，影响连续作业和涂膜质量；不得漏涂，以增强涂层与找平层间的粘结力。

(3) 特殊部位附加增强处理

1）天沟、檐沟　天沟、檐沟由于其构件断面变化和屋面结构层的变形不能同步，屋面常在这些部位发生裂缝而漏水。

天沟、檐沟与屋面交接处的附加层宜空铺、空铺的宽度宜为 200～300mm，如图 3-46 所示。屋面设有保温层时，天沟、檐沟处也要铺设保温层。

当采用预制装配的天沟、檐沟时，用细石混凝土灌缝时缝上口要比落水口低 20mm，内嵌密封材料。沟底两侧的阴角要抹成圆弧，在上口转角处要抹成钝角，要达到图 3-46 的要求，涂刷涂膜防水层之前先在天沟转角向上 100mm 处，涂刷一条 50mm 宽的防水涂料带，用一长条无纺布，宽度 300mm，长边粘贴在涂膜上作为空铺缓冲层，然后方可涂刷规定的防水涂料和铺贴规定的胎体增强无纺布附加层。

2）檐口　檐口处涂膜防水层的收头，应用防水涂料多遍涂刷或用密封材料封严如图 3-47 所示。

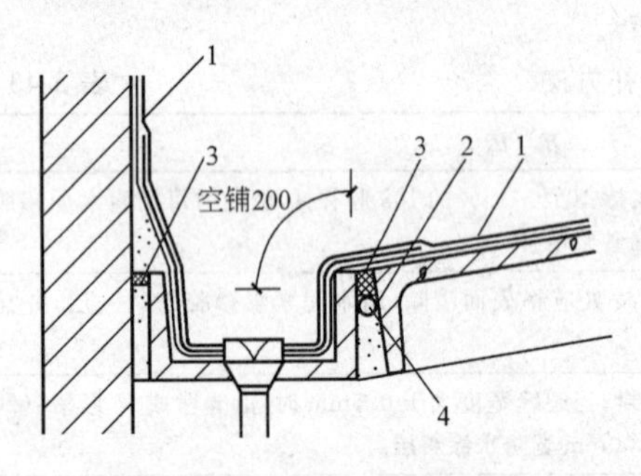

图 3-46　天沟、檐沟构造

1—涂膜防水层；2—有胎体增强材料的附加层；
3—密封材料；4—背衬材料

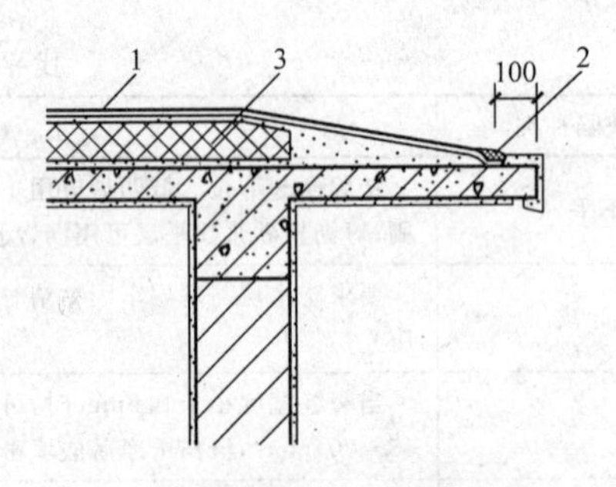

图 3-47　檐口构造

1—涂膜防水层；2—密封材料；
3—保温层

3）泛水　泛水处的涂膜防水层宜直接涂刷至女儿墙的压顶下，收头处理应用防水涂料多遍涂刷封严。压顶应做防水处理，如图 3-48 所示。

女儿墙的根部常有裂缝，防治措施是找平层在根部抹灰要抹出小圆弧，并在根部阴角涂布有胎体增强层中铺贴宽 500mm 的无纺布，立面和平面各铺贴 250mm，见图 3-48。待有胎体增强防水层的涂膜固化后，方可涂布大面积的防水涂料，压顶也应涂刷防水层，可避免泛水处和压顶的抹灰层开裂而渗漏水。

当女儿墙过高时，防水层和附加增强层的高度要大于 250mm。上面的水泥砂浆抹成滴水线，可参照图 3-49 的做法。

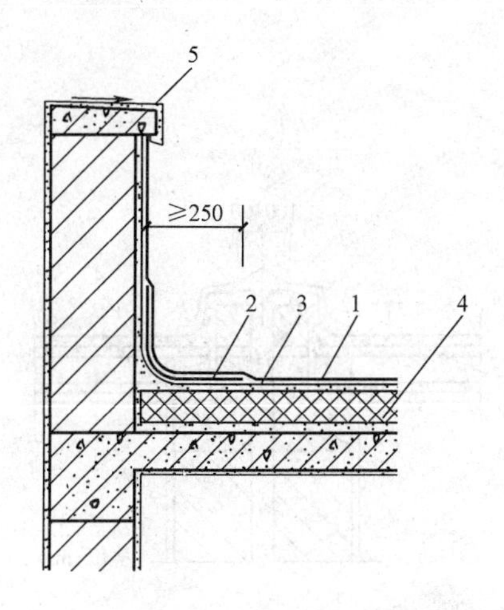

图 3-48　泛水构造（一）

1—涂膜防水层；2—有胎体增强材料的附加层；

3—找平层；4—保温层；5—防水处理

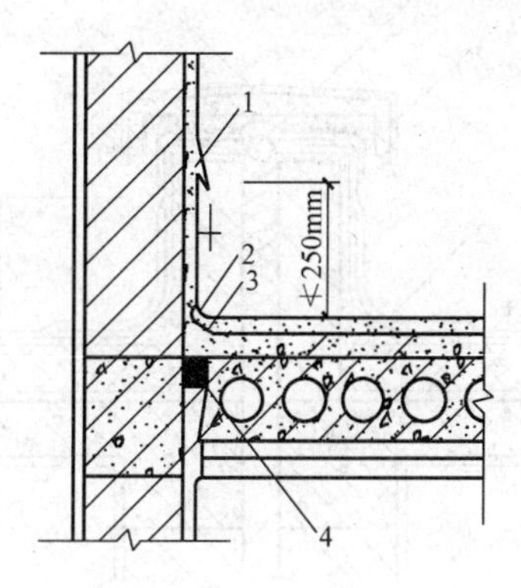

图 3-49　泛水构造（二）

1—水泥砂浆粉淌水；2—涂膜防水层；

3—找坡；4—密封材料

4）水落口　水落口处是屋面上受降水冲刷最集中的部位，是屋面上渗漏水最多之处，必须认真处理好。

水落口杯穿过屋面结构层的孔隙要细致捣固密实，堵塞漏水的通道，尤其是内排水，要在水落口杯的周围，先留 20mm 宽、20mm 深的凹槽，再用密封膏填嵌密实，这是防水的第一道设防。

随即加铺一层胎体增强材料，应将胎体增强材料剪开铺贴伸入杯口内 50mm，粘贴牢固平服，当涂膜实干后，再涂刷第二遍防水涂料，然后再铺贴一层胎体增强材料，待涂膜干燥后再涂刷第三层涂料，这是确保水落口杯不渗漏和耐流水冲刷的主要方法。水落口防水构造如图 3-50 所示。

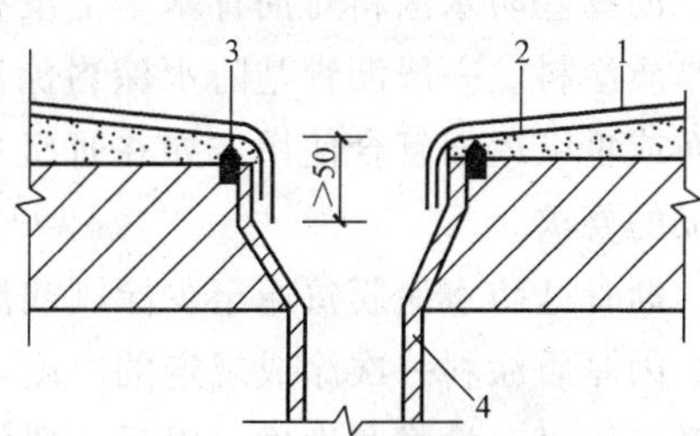

图 3-50　水落口杯构造

1—涂膜防水层；2—有胎体增强材料的附加层；

3—密封材料；4—水落口杯

水落口的杯口处增加涂层的厚度要适宜，不能因过厚而使周围的排水有积水现象。

5）变形缝　变形缝内应填充泡沫塑料或沥青麻丝，其上放衬垫材料，并用卷材封盖；顶部应加混凝土盖板或金属盖板，如图 3-51、图 3-52 所示。

施工时首先在变形缝的两边阴角处涂布有胎体增强层，在层中铺贴宽 500mm 的无纺布，立面上贴高为 250mm，涂布均匀，使涂料渗透到基层粘结牢固，无纺布要平服无折皱。

变形缝的顶面也必须涂刷防水涂料，操作时，在顶面用无纺布增强，铺贴的无纺布，在缝中呈凹形，底部应有沥青麻丝衬垫。为不同材料变形留有余地，上宜用宽度大于 200mm 的合成高分子防水卷材封盖，两侧粘贴牢固，顶上加扣钢筋混凝土盖板，如图 3-51。也可用金属盖板的处理方法，如图 3-52 的做法。

增强防水涂膜层固化后，方可进行大面积的防水涂膜防水层施工。

（4）大面积涂布涂料施工

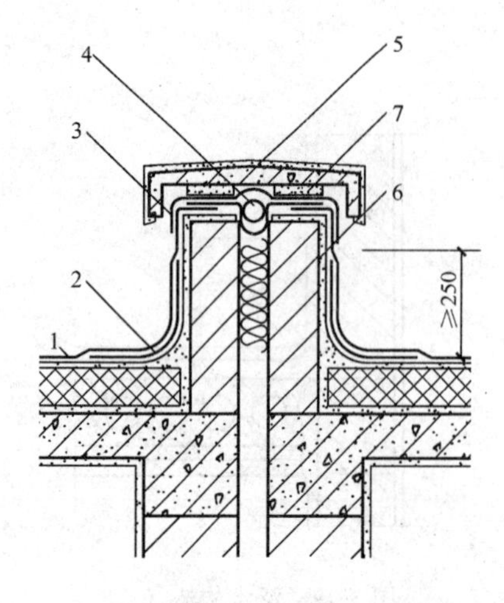

图 3-51 钢筋混凝土盖板变形缝构造

1—涂膜防水层；2—有胎体增强材料的附加层；3—卷材封盖；4—衬垫材料；5—混凝土盖板；6—沥青麻丝（或泡沫塑料）；7—水泥砂浆

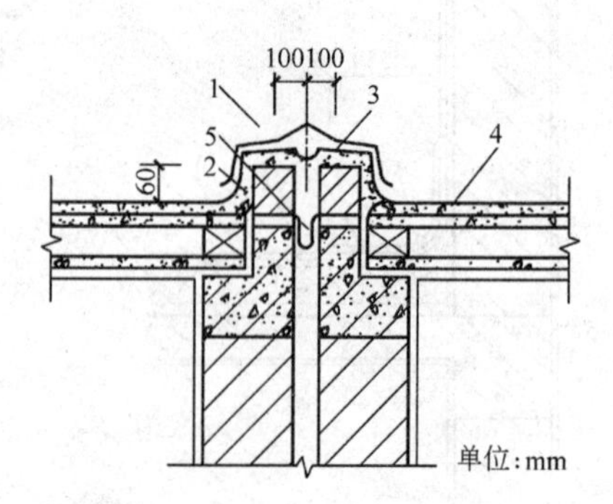

图 3-52 金属盖板变形缝构造

1—金属盖；2—找平层；3—有胎体增强涂膜防水层；4—浅色保护层；5—金属伸缩片

沥青基防水涂料对沥青基本上没有进行改性或改性不大，故可涂成较厚的涂膜，称之谓厚质涂料。一般沥青基防水涂料涂膜厚度在 4～8mm，规定厚度为 4mm，适用于Ⅳ级屋面或Ⅲ级屋面复合使用，如在Ⅲ级屋面上单独使用不小于 8mm，否则就难以达到耐用年限的要求。

沥青基防水涂膜每遍至少涂刷或涂刮两遍以上至达到设计厚度为准。

因厚质涂料一次涂成规定的厚度，因其过厚，则在涂膜收缩和水分蒸发后，容易产生裂缝，所以，涂膜厚度确定以后，要根据设计要求和涂料性能确定每道涂层厚度。每道涂层厚度要根据每平方米的涂料耗用量决定，每层涂料过厚时则干燥时间会很长，影响连续施工；过薄时又会影响施工效率。故应按试验确定的要求进行每层涂料的涂布，一般沥青基防水涂膜每道至少涂刷或涂刮两遍以上达到“设计”厚度为准。

厚质涂料施工常采用抹压法或刮涂法。操作时用抹子或刮板将涂料抹压或刮涂平整，即随上料随用工具将涂料刮平，操作时动作过程始终要把握涂层厚度的准确控制，并且动作简捷，不要反复涂抹、涂刮，操作以平整和厚薄适宜为准。涂层应按分条间隔方式或按顺序倒退方式涂布。

各涂层之间的施工间隔，应待先涂的涂层干燥成膜后，方可涂布后一遍涂料，并应先全面仔细检查其涂层上有无气孔、气泡等质量缺陷，若无即可进行涂布；若有，则应立即修补，然后再进行涂布。每遍涂布方向应相互垂直，最后至涂膜达到规定的厚度。

屋面转角与立面涂层应该薄涂，但遍数要多，并达到要求厚度。涂刷均匀，不堆积，不流淌。

（5）铺设胎体增强材料

施工常采用铺设胎体增强材料增强涂膜防水层的抗裂性能，胎体增强材料的层数根据设计规定。

胎体增强材料铺贴方向一般是平行屋脊铺设，当屋面坡度大于15%时，为防止胎体增强材料下滑，要垂直于屋脊铺贴，铺设时要由屋面的檐口、天沟的最低处向上铺摊，使无纺布的搭接顺着流水方向，避免戗水，完工后的涂膜防水层将形成无接缝完整的防水涂膜层，无纺布的长边搭接宽度掌握在50mm以上，短边搭接宽度不小于70mm，由于胎体增强材料从表3-27中可以看出纵横向延伸率不同，当采用两层胎体增强材料时，上下层不准垂直铺设，使两层胎体材料有一致的延伸性，上下层的搭接缝应错开不小于1/3幅宽，防止上下层胎体材料产生重缝。

涂层中夹铺胎体增强材料时，宜边涂边铺胎体，以排除气泡，并与涂料粘牢。在胎体上涂布涂料时，应使涂料浸透胎体，覆盖完全，胎体不外露。

涂膜防水层或与其他材料进行复合防水施工时，每一道涂层完成后，应由专人进行检查，合格后方可进行下一道涂层和下一道防水层的施工。

（6）不同材料的使用要求

如使用2种以上不同防水材料时，材料应相容。在天沟、泛水等部位使用相容的防水卷材时，卷材与涂膜的接缝应顺流水方向，搭接宽度不小于100mm。

（7）涂膜屋面保护层施工

涂膜防水屋面的保护处理，选材可采用细砂、云母、蛭石、浅色涂料、水泥砂浆或块材等。

采用水泥砂浆或块材时，应在涂膜与保护层之间设置隔离层。水泥砂浆保护层厚度不宜小于20mm。

1）当采用细砂、云母或蛭石等撒布材料作保护层时，应筛去粉料。在涂刮最后一遍涂料时，边涂边撒布均匀，不得露底。待涂料干燥后，将多余的撒布材料清除掉。

2）用水泥砂浆作保护层时，表面应抹平压光、每$1m^2$设表面分格缝。

3）用块体材料作保护层时，宜留设分格缝，分格面积不宜大于$100m^2$。分格缝宽度不小于20mm，缝内嵌密封材料。

4）用细石混凝土作保护层时，混凝土应振捣密实，表面抹平压光，并宜设分格缝。分格面积不宜大于$36m^2$。

5）刚性保护层与女儿墙之间必须预留30mm以上空隙，并嵌填密封材料。

6）水泥砂浆、块材、细石混凝土保护层与防水层之间设置的隔离层应平整，以便起到隔离的作用。

（8）检查、清理、验收

1）涂膜防水层施工完后，应进行全面检查，必须确认不存在任何缺陷。

2）在涂膜干燥或固化后，应将与防水层粘结不牢且多余的细砂等粉料清理干净。

3）检查排水系统是否畅通，有无渗漏。

4）验收。

（9）施工温度要求

溶剂型防水涂料在5℃以下溶剂挥发缓慢，成膜时间较长；水乳型涂料在10℃以下，水分不易蒸发与干燥；冬季0℃以下施工，涂料易受冻，严禁使用。为此，施工温度宜在10～30℃之间。

（10）施工注意事项

屋面工程施工中应对结构层、找平层、细部节点构造，施工中的每遍涂膜防水层、附加防水层、节点收头、保护层等做分项工程的交接检查；未经检查验收合格；不得进行后续施工。

2.6.2 高聚物改性沥青防水涂膜施工

高聚物改性沥青防水涂料属薄质防水涂料，薄质涂料一次很难涂成规定厚度，其防水涂膜是由若干层次组成，如某种薄质涂料屋面防水涂膜的层次构造见表3-44。

某种薄质涂料屋面防水涂膜的层次构造 表3-44

建筑物类型	防水层作法	防水作法分层说明
重要的工业与民用建筑物	二布六涂	1. 基层(找平层)刷处理剂 2. 涂刷结合层涂料 3. 边刷涂料边铺贴第一层玻纤布 4. 一遍覆盖层涂料 5. 边刷涂料边铺贴第二层玻纤布 6. 一遍覆盖层涂料 7. 一遍面层涂料
一般的工业与民用建筑物	二布五涂	1. 基层(找平层)刷处理剂 2. 涂刷结合层涂料 3. 边刷涂料边铺贴第一层玻纤布 4. 边刷涂料边铺贴第二层玻纤布 5. 一遍覆盖层涂料 6. 一遍面层涂料
次要的建筑物	一布四涂	1. 基层(找平层)刷处理剂 2. 涂刷结合层涂料 3. 边刷涂料边铺贴玻纤布 4. 一遍覆盖层涂料 5. 一遍面层涂料
次要的建筑物	一布三涂	1. 基层(找平层)刷处理剂 2. 边涂刷结合层涂料边铺贴玻纤布 3. 一遍覆盖层涂料 4. 一遍面层涂料

薄质防水涂料与厚质防水涂料相比，在其施涂操作工艺上有一定的差异，施工方法采用刷涂法和刮涂法，结合层涂料可以采用喷涂或滚涂法施工。

刷涂法是指用刷子或滚动刷蘸涂料后在操作面上刷成防水涂层，最后达到防水涂膜厚度要求。操作的关键是上料不要过多，以防止涂层过厚或涂层厚薄不一，所以在没有经验的条件下，上料尽量不要采用倾倒的方法。

高聚物改性沥青防水涂膜施工与沥青基防水涂料施工要求基本相同。施工应注意如下事项：

(1) 屋面基层干燥程度，视所用涂料特性而定。采用溶剂型涂料时，基层应干燥。

(2) 基层处理剂应充分搅拌，涂刷均匀，覆盖完全，干燥后方可进行涂膜施工。

(3) 最上层涂层的涂刷不应少于两遍，其厚度应不小于1mm。

(4) 溶剂型高聚物改性沥青防水涂膜严禁在雨天、雪天施工，五级风及以上时也不得施工。溶剂型涂料施工环境气温宜为−5～35℃。

2.6.3 合成高分子防水涂膜施工

合成高分子防水涂料属薄质防水涂料，从表3-26中可以看出，该类涂膜的厚度比高聚物改性沥青防水涂膜更薄，所以，涂层的涂布操作也是采用刷涂和刮涂的方法进行，同时还可采用喷涂的方法。

合成高分子防水涂膜施工除与沥青基防水涂膜施工处理相同外，施工操作时还应注意如下事项：

(1) 合成高分子防水涂膜施工可采用涂刮或喷涂施工。当涂刮施工时，每遍涂刮的前进方向宜与前一遍相互垂直。严格掌握涂膜厚度一致，不露底、不存气泡、表面平整。

(2) 多组分涂料必须按配合比准确计量，搅拌均匀。已配成的多组分涂料必须及时使用。配料时允许加入适量的缓凝剂或促凝剂以调节固化时间，但不得混入已固化的涂料。

采用双组分防水涂料时，在配制前应将甲组分、乙组分搅拌均匀，然后严格按照材料供应商提供的材料配合比，准确计量；每次配制数量应根据每次涂布面积计算确定，随用随配；混合时，将甲组分、乙组分倒入容器内，用手提式电动搅拌器强力搅拌均匀后即可使用。

单组分防水涂料使用前，只需用手提式电动搅拌器搅拌均匀即可使用。

(3) 在涂层中夹铺胎体增强材料时，位于胎体下面的涂层厚度不宜小于1mm，最上层的涂层应不少于两遍。

(4) 合成高分子防水涂膜施工时的气候条件与高聚物改性沥青防水涂膜施工相同。

2.7 成品保护及安全环保措施

2.7.1 成品保护措施

涂膜防水层施工进行中或施工完成后，均应对已做好的涂膜防水层加以保护和养护，养护期一般不得少于7d，养护期间不得上人行走，更不得进行任何作业或堆放物料。

2.7.2 安全环保措施

(1) 溶剂型防水涂料易燃有毒，应存放于阴凉、通风、无强烈日光直晒、无火源的库房内，并备有消防器材。

(2) 使用溶剂型防水涂料时，施工现场周围严禁烟火，应备有消防器材。

(3) 施工人员应穿着工作服、工作鞋、带手套。

(4) 操作时若皮肤上沾上涂料，应及时用沾有相应溶剂的棉纱擦除，再用肥皂和清水洗净。

2.8 质量标准要求

2.8.1 主控项目

(1) 防水涂料、胎体增强材料、密封材料和其他材料必须符合质量标准和设计要求。施工现场应按规定对进场的材料进行抽样复验。

进场的防水涂料和胎体增强材料抽样复验应符合下列规定：

1) 同一规格、品种的防水涂料，每10t为一批，不足10t者按一批进行抽检；胎体增强材料，每3000m^2为一批，不足3000m^2者按一批进行抽检。

2) 防水涂料应检查延伸或断裂延伸率、固体含量、柔性、不透水性和耐热度；胎体增强材料应检查拉力和延伸率。

(2) 涂膜防水屋面施工完后，应经雨后或持续淋水24h的检验。若具备做蓄水检验的屋面，应做蓄水检验，蓄水时间不小于24h。必须做到无渗漏、不积水。

(3) 天沟、檐沟必须保证纵向找坡符合设计要求。

(4) 细部防水构造（如：天沟、檐沟、檐口、水落口、水、变形缝和伸出屋面的管道）必须严格按照设计要求施工，必须做到全部无渗漏。

2.8.2 一般项目

(1) 涂膜防水层

1) 涂膜防水层应表面平整、涂布均匀，不得有流淌、皱折、鼓泡、裸露胎体增强材料和翘边等质量缺陷，发现问题，及时修复。

2) 涂膜防水层与基层应粘结牢固。

(2) 涂膜防水层的平均厚度应符合表3-42的规定和设计要求，涂膜最小厚度不应小于设计厚度的80%。采用针测法或取样量测方式检验涂膜厚度。

(3) 涂膜保护层

1) 涂膜防水层上采用细砂等粒料做保护层时，应在涂布最后一遍涂料时，边涂布边均匀铺撒，使相互间粘结牢固，覆盖均匀严密，不露底。

2) 涂膜防水层上采用浅色涂料做保护层时，应在涂膜干燥固化后做保护层涂布，使相互间粘结牢固，覆盖均匀严密，不露底。

3) 防水涂膜上采用水泥砂浆、块材或细石混凝土做保护层时，应严格按照设计要求设置隔离层。块材保护层应铺砌平整，勾缝严密，分格缝的留设应准确。

4) 刚性保护层的分格缝留置应符合设计要求，做到留设准确，不松动。

课题3 刚性防水屋面工程施工

刚性防水主要是采用防水混凝土或防水砂浆等无机材料，并使用这些材料浇筑成板、墙等自身密实的防水层。刚性防水屋面是浇筑的刚性混凝土板和柔性接缝防水材料共同组成的防水屋面。这种刚柔结合的防水屋面适应结构层的变化，它主要是依靠混凝土自身的密实性或采用补偿收缩混凝土，并配合一定的结构措施来达到防水目的。

3.1 构造详图及营造做法说明

刚性防水屋面构造措施包括：屋面具有一定的坡度便于雨水及时排除；增加钢筋；设置隔离层（减少结构变形对防水层的不利影响）；混凝土分块设缝，使板面在温度、湿度变化下不至于开裂；采用油膏嵌缝，以便适应屋面基层变形，保证分格缝的防水功能。由于刚性防水层对地基不均匀沉降、温度变化、结构振动等因素都非常敏感，所以刚性防水屋面适用于屋面结构刚度较大及地基地质条件较好的建筑。

刚性防水屋面的一般规定如下：

(1) 适用范围

刚性防水屋面主要适用于防水等级为Ⅲ级的屋面防水，也可用作Ⅰ级与Ⅱ级屋面多道防水设防中的一道防水层；不适用于设有松散材料保温层的屋面以及受较大振动或冲击的建筑物屋面。

(2) 板缝要求

刚性防水屋面的结构层宜为整体现浇的钢筋混凝土。当屋面结构采用装配式钢筋混凝土板时，应用细石混凝土灌缝，其强度等级不应小于C20，灌缝的细石混凝土宜掺微膨胀剂。

当屋面板缝宽度大于40mm或上窄下宽时，板缝内应设置构造钢筋，板端缝内应进行密封处理。

(3) 基层及防水层的处理和要求

1) 刚性防水层与山墙、女儿墙以及突出屋面结构的交接处均应做柔性密封处理。

2) 细石混凝土防水层与基层间宜设置隔离层。

3) 防水层内配置的钢筋宜采用冷拔低碳钢丝。

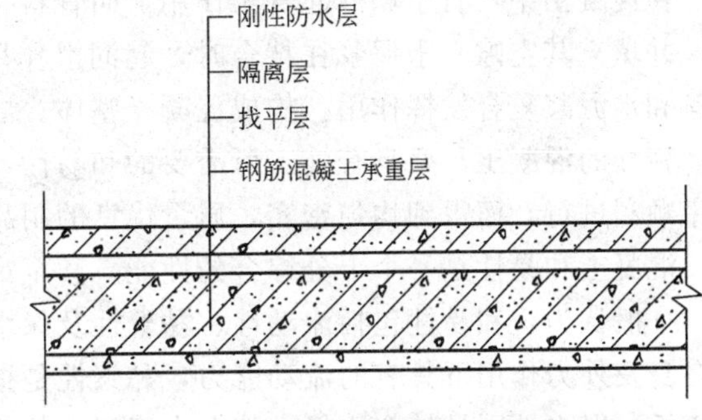

图3-53 刚性防水屋面构造层次示意图

4) 刚性防水层内严禁埋设管线。

刚性防水屋面施工可分为普通细石混凝土防水层、补偿收缩混凝土防水层以及块体刚性防水层施工。

刚性防水屋面的构造层次如图3-53所示。

3.2 作业条件

(1) 刚性防水屋面施工前，屋面结构层应进行检查验收，并办理验收手续。

(2) 各种穿过屋面的预埋管件、烟囱、女儿墙、暖沟墙、伸缩缝等根部，应按设计施工图及规范要求处理好。

(3) 根据设计要求的标高、坡度，找好规矩并弹线（包括天沟、檐沟的坡度）。

(4) 施工找平层时应将原表面清理干净，进行处理，有利于基层与找平层的结合，如浇水湿润、喷涂沥青稀料等。

3.3 施工材料及其要求

3.3.1 水泥

(1) 防水层的细石混凝土宜用普通硅酸盐水泥或硅酸盐水泥，用矿渣硅酸盐水泥时应采取减小泌水性的措施，强度等级不宜低于32.5号。不得使用火山灰水泥。

(2) 水泥贮存时应防止受潮，存放期不得超过三个月，否则必须重新检验确定其强度。

3.3.2 砂石（细、粗骨料）

防水层的细石混凝土和砂浆中，细骨料应采用中砂或粗砂，含泥量不应大于2%；粗骨料的最大粒径不宜超过15mm，含泥量不应大于1%。

3.3.3 普通细石混凝土

普通细石混凝土是由石子、砂子、水泥和水以及外加剂按一定比例均匀拌合，灌筑在所需形体的模板内捣实，硬结后而成的人造石材。

普通细石混凝土的配比严格按设计要求选定，使用的膨胀剂、减水剂、防水剂等外加剂应根据不同品种的适用范围、技术要求选定。

外加剂应分类保管，不得混杂，并应存放于阴凉、通风、干燥处。运输时应避免雨淋、日晒、受潮。

拌合用水应采用不含有害物质的洁净水。

在混凝土中，石子和砂起骨架作用，叫骨料。水泥与水构成的水泥浆，包裹了骨料颗粒，并填充其空隙。水泥浆在拌合时，起润滑作用，在硬结后，显示出胶结和强度作用。骨料和水泥浆复合发挥作用，构成混凝土整体。

新拌的混凝土，要具有施工所需要的和易性，以保证搅拌、运输、浇筑、振捣等所有工序顺利进行，而得到均匀密实，质量优良的制品。

混凝土和易性是一个十分综合的性能，甚至难以把它所包括的方面描述完全。

一般认为，和易性包括流动性、黏聚性及保水性三个方面的涵义。流动性是指拌合物在自身及外力作用下具有的流动能力，黏聚性是指拌合物所表现的黏聚力，而不致受作用后离析，保水性则是拌合物保全拌合水不泌出的能力。

混凝土和易性的指标，当前塑性混凝土多以坍落度表示。在特制的坍落度测定筒内，按规定方法装入拌合物捣实抹平，把筒垂直提起，量出熟料坍落的厘米数，即该拌合物的坍落度，如图 3-54 所示。

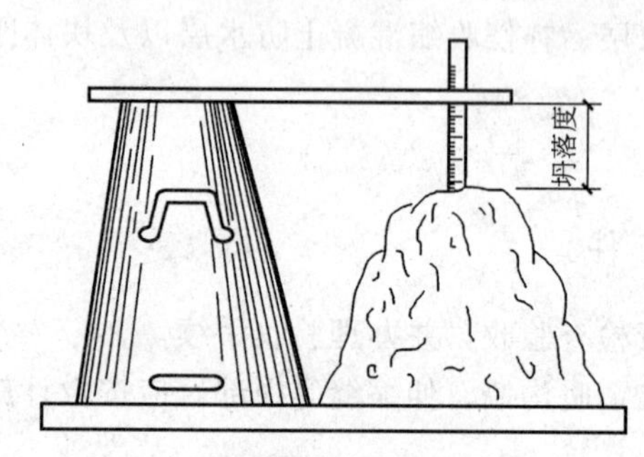

图 3-54　坍落度测定图

普通细石混凝土的坍落度按设计要求执行。

3.3.4　UEA 混凝土膨胀剂

UEA 混凝土膨胀剂是用硫铝酸盐熟料或硫酸铝熟料与明矾石、石膏等一起粉磨而成的白色粉末。在普通细石混凝土内掺水泥用量的12%～14%，可拌制成补偿收缩混凝土。UEA 掺入混凝土中可增加抗裂性。当配筋率为 0.2%～1.0%时，限制膨胀率为 0.031%～0.063%，在混凝土中导入自应力值为 0.2～0.7MPa，对强度影响不大。

UEA 膨胀混凝土的主要技术性能见表 3-45。

UEA 膨胀混凝土技术指标　　表 3-45

项　目	指　标	项　目	指　标
掺量(占水泥量的)	12%～14%	7d	29MPa
初凝	4h25min	28d	34MPa
终凝	6h25min	抗渗	≥P30
抗压强度：		与钢筋粘结力	比空白混凝土提高 20%～30%
3d	19MPa	膨胀率(μ=0.24～1.50)	0.031%～0.063%

3.3.5　氯丁胶乳防水砂浆

阳离子氯丁胶乳是合成橡胶胶乳系列中的最佳品种，它具有氯丁橡胶的特性，耐候、耐热、抗燃、气密性好。将氯丁胶乳掺入水泥砂浆中，具有优良的抗裂、抗弯、粘结、防渗、防腐等性能。该材料适用于地下室、厕浴间、水池水塔等防水、抗渗，也可在形状复杂潮湿的基层抹涂施工。

阳离子氯丁胶乳主要技术指标见表 3-46。

阳离子氯丁胶乳主要技术指标 **表 3-46**

项　目	指　标
抗拉强度(28d)	5.3～6.7MPa
抗弯强度(28d)	8.2～12.5MPa
抗压强度(28d)	34.8～40.5MPa
粘结强度(28d)	3.6～5.8MPa
抗渗等级(28d)	P15(1.5MPa)以上
吸水率(28d)	2%～2.9%
干缩值(28d)	$(7.0\sim7.3)\times10^{-4}$
抗冻性(冻融 50 次;冻－20℃,融 20℃,均为 4h):	抗拉强度 4.4～5.6MPa 抗弯强度 8.3～10.4MPa 抗压强度 33.4～40.0MPa

3.3.6　有机硅防水剂

有机硅防水剂主要成分是甲基硅醇钠，它无毒、无味、不挥发、不易燃，有优异的防水、防腐性能。

(1) 应用范围

1) 作为混凝土和砂浆的外加剂，有显著防水效果。如地下室、人防工程、水池等。

2) 用于浸渍下列材料有显著防水、防潮、防污染、防菌类生长效果。

如：屋面瓦、水泥瓦、面砖、陶瓷地板、珍珠岩、石棉、保温材料、木材、纤维板等。

3) 用于处理天然石材和人造石材，能防风化、提高耐候能力。

4) 用于乳胶漆、水玻璃、108 胶的添加剂，使其具有明显的憎水性，从而保持稳定的粘结强度。

(2) 防水机理

有机硅防水剂的主要成分是甲基硅醇钠。它在水和二氧化碳作用下，生成甲基硅醇。反应如下：

$$CH_3-\underset{OH}{\overset{OH}{\underset{|}{\overset{|}{Si}}}}-ONa + H_2O + CO_2 = CH_3-\underset{OH}{\overset{OH}{\underset{|}{\overset{|}{Si}}}}-OH + NaHCO_3$$

（甲基硅醇）

上述反应生成的硅醇基（≡Si—OH）很活泼，一方面能进一步反应，缩合成高分子化合物一网状有机硅树脂膜（体型结构具有憎水性）。另一方面由于硅酸盐建筑材料表面的硅醇基与防水剂的硅醇基反应脱水交联，而使表面键合上烃基，使结构完全同于有机硅树脂，降低表面张力，使水的接触角增大（105°左右），实现“反毛细管效应”即形成所谓憎水层，这就是有机硅防水剂具有高效防水作用的原因。而且不损坏建筑材料多孔结构，也不妨碍透气性。

有机硅防水剂主要技术指标见表 3-47。

3.3.7　密封材料

(1)《屋面工程质量验收规范》GB 50207—2002 中对密封材料的要求：

有机硅防水剂主要技术性能指标 表 3-47

项 目	指 标	
主要成分	甲基硅醇钠	高沸硅醇钠
外观	淡黄色至无色透明溶液	淡黄色至无色透明溶液
固体含量(%)	30～32.5	31～35
pH 值	14	14
相对密度	1.23～1.25	1.25～1.26
氯化钠含量(%)	2	2
硅含量(%)		1～3
甲基硅倍伴氧含量(%)	18～20	
总碱量(%)	<18	<20

1）采用的密封材料应具有弹塑性、黏结性、施工性、耐候性、水密性、气密性和拉伸—压缩循环性能。

改性沥青密封材料的质量应符合表 3-48 的要求，合成高分子密封材料的质量应符合表 3-49 的要求。

改性沥青密封材料质量要求 表 3-48

项 目		性能要求	
		Ⅰ	Ⅱ
耐热度	温度(℃)	70	80
	下垂值(mm)	≤4.0	
低温柔性	温度(℃)	－20	－10
	粘结状态	无裂纹和剥离现象	
拉伸粘结性(%)		≥125	
浸水后拉伸粘结性(%)		≥125	
挥发性(%)		≤2.8	
施工度(mm)		≥22.0	≥20.0

注：改性石油沥青密封材料按耐热度和低温柔性分为Ⅰ类和Ⅱ类。

合成高分子密封材料质量要求 表 3-49

项 目		性能要求	
		弹性体密封材料	塑性体密封材料
拉伸粘结性	拉伸强度(MPa)	≥0.2	≥0.02
	延伸率(%)	≥200	≥250
柔性(℃)		－30，无裂缝	－20，无裂缝
拉伸—压缩循环性能	拉伸—压缩率(%)	±20	±10
	粘结和内聚破坏面积(%)	≤25	

2）密封材料的贮运、保管应符合下列的规定：密封材料的贮运、保管应避开火源、热源，避免日晒、雨淋，防止碰撞，保持包装完好无损。

密封材料应分类贮放在通风、阴凉的室内，环境温度不应高于 50℃。

3）进场的改性沥青密封材料抽样复验，应符合下列规定：同一规格、品种的密封材料应每 2t 为一批，不足 2t 者按一批进行抽检。

改性石油沥青密封材料应检验施工度、粘结性、柔性和耐热度。

4）进场的合成高分子密封材料抽样复验，应符合下列规定：同一规格、品种的材料应每1t为一批，不足1t者按一批进行抽验；合成高分子密封材料应检验柔性和粘结性。

(2) 常用的密封材料

1）改性沥青密封材料

改性沥青密封材料是以石油沥青为基料，配以适量的合成高分子聚合物进行改性，加入填料和其他化学助剂配制而成的膏化状密封材料。

改性沥青密封材料主要品种有SBS沥青弹性密封膏、沥青橡胶防水嵌缝膏、沥青桐油废橡胶嵌缝油膏、聚氯乙烯建筑密封材料等。其技术性能、质量要求应符合表3-48要求。

通常用橡胶、废橡胶、树脂等改性的沥青防水嵌缝油膏按耐热度和低温柔性可分为701、702、703、801、802、803六个标号其物理性能见表3-50。

常用改性沥青防水嵌缝油膏物理性能 　　表3-50

项目		性能指标					
		701	702	703	801	802	803
耐热度(℃)		70			80		
下垂值(mm) 不大于		4					
保油性	渗油幅度(mm) 不大于	5					
	渗油张数(张) 不多于	4					
挥发率(%) 不大于		2.8					
低温柔性(℃)		—10	—20	—30	—10	—20	—30
粘结状况		合格					

2）硅酮建筑密封膏

硅酮建筑密封膏是由有机聚硅氧烷为主剂，加入硫化剂、硫化促进剂、增强填充料和颜料等组成的高分子非定形密封材料。

硅酮建筑密封膏分单组分和双组分，单组分应用较多，双组分应用较少，两种密封膏的组成主剂相同，而硫化剂及其固化机理不同。

单组分硅酮建筑密封膏是在隔绝空气的条件下，把主剂有机硅氧烷聚合物和硫化剂、填料及其他添加剂混合均匀后，装于密闭包装筒内备用，施工时将包装筒中的密封膏体嵌填于作业缝隙内，然后吸收空气中的水分进行交联反应，从表面开始固化形成橡胶状弹性体。

双组分硅酮密封膏的主剂与单组分相同，但硫化剂及其机理不同，它是把聚硅氧烷、填料、助剂、催化剂混合后，作为一个组分盛于一个容器中，将交联剂作为另一个组分盛于另一个容器中，使用时两组分按比例搅拌均匀后嵌填于作业缝隙内，从膏体表面和内部起交联反应，均匀固化成三维网状结构的橡胶状弹性体。

硅酮建筑密封膏按硫化剂种类的不同可分为醋酸型、酮肟型、醇型、胺型、酰胺型和氨氧型等类型。一般高模量有机硅建筑密封膏采用醋酸型和醇型两种硫化体系；中模量有机硅建筑密封膏采用醇型硫化体系；低模量有机硅建筑密封膏则采用酰胺型硫化体系。

硅酮建筑密封膏按用途的不同可分为建筑结构密封和非建筑结构密封两类。

硅酮密封膏其模量不同，适用范围亦各不相同的。高模量硅酮密封膏主要用于建筑物的结构型密封部位，如玻璃幕墙、隔热玻璃粘接密封以及建筑门、窗密封等。中模量硅酮密封膏除了不能在极大伸缩性接缝部位使用外，其他部位都可以使用。低模量硅酮密封膏主要用于建筑物的非结构型密封部位，如预制混凝土墙板、水泥板、大理石板、花岗石的外墙接缝、混凝土与金属框架的粘接、卫生间和高速公路接缝的防水密封等。

硅酮建筑密封膏我国已发布：《硅酮建筑密封膏》GB/T 14683—93 和《建筑用硅酮结构密封膏》GB 16776—1997 两个国家标准。我国硅酮建筑密封膏的性能见表 3-51，建筑用硅酮结构密封膏性能见表 3-52。

我国硅酮建筑密封膏性能 表 3-51

<table>
<tr><th rowspan="3">项次</th><th rowspan="3" colspan="2">项目</th><th colspan="4">技术指标</th></tr>
<tr><th colspan="2">F类</th><th colspan="2">G类</th></tr>
<tr><th>优等品</th><th>合格品</th><th>优等品</th><th>合格品</th></tr>
<tr><td>1</td><td colspan="2">密度(g/cm³)</td><td colspan="4">规定值±0.1</td></tr>
<tr><td>2</td><td colspan="2">挤出性(mL/min) 不小于①</td><td colspan="4">80</td></tr>
<tr><td>3</td><td colspan="2">适用期(h) 不小于②</td><td colspan="4">3</td></tr>
<tr><td>4</td><td colspan="2">表干时间(h) 不大于</td><td colspan="4">24</td></tr>
<tr><td rowspan="2">5</td><td rowspan="2">流动性</td><td>下垂度(N型)(mm)不大于</td><td colspan="4">3</td></tr>
<tr><td>流平性(L型)</td><td colspan="4">自流平</td></tr>
<tr><td>6</td><td colspan="2">低温柔性(℃)</td><td colspan="4">−40</td></tr>
<tr><td rowspan="6">7</td><td rowspan="6">定伸性能③</td><td rowspan="2">定伸粘结性</td><td>200</td><td>160</td><td>160</td><td>125</td></tr>
<tr><td colspan="2">无破坏</td><td colspan="2">无破坏</td></tr>
<tr><td rowspan="2">热—水循环后定伸粘结性</td><td>定伸200%</td><td>定伸160%</td><td colspan="2" rowspan="2">—</td></tr>
<tr><td colspan="2">无破坏</td></tr>
<tr><td rowspan="2">浸水光照后定伸粘结性</td><td colspan="2" rowspan="2">—</td><td>定伸160%</td><td>定伸125%</td></tr>
<tr><td colspan="2">无破坏</td></tr>
<tr><td rowspan="2">8</td><td rowspan="2" colspan="2">恢复率(%) 不小于</td><td>定伸200%</td><td>定伸160%</td><td>定伸160%</td><td>定伸125%</td></tr>
<tr><td colspan="2">90</td><td colspan="2">90</td></tr>
<tr><td rowspan="2">9</td><td rowspan="2" colspan="2">拉伸—压缩循环性能④</td><td>9030</td><td>9020</td><td>9030</td><td>8020</td></tr>
<tr><td colspan="4">粘结和内聚破坏面积不大于25%</td></tr>
</table>

① 仅适于单组分产品。

② 仅适于双组分产品。指标也可由供需双方协商确定。

③ 第 7、9 项试验中，F类产品选用水泥砂浆和铝合金基材，G类产品选用玻璃基材；在第 9 项试验中，G类产品也可选用铝合金基材。

④ 本表摘自《硅酮建筑密封膏》GB/T 14683—93。

3）聚氨酯建筑密封膏

聚氨酯建筑密封膏是以异氰酸基（—NCO）为基料活性氢化物的固化剂组成的一种常温固化弹性密封材料。

聚氨酯建筑密封膏根据组分不同一般可分为双组分和单组分两种，根据固化前所呈现的状态不同可分为N型（非下垂型）和L型（自流平型）两种，可根据使用部位的不同进行选用，垂直缝可选用非下垂型，水平缝则两种类型的品种均可。

建筑用硅酮结构密封胶物理力学性能 GB 16776—1997①　　　　表 3-52

项目			技术指标
下垂度	垂直放置(mm)　不大于		3
	水平放置		不变形
挤出性(s)　不大于			10
适用期①(min)　不小于			20
表干时间(h)　不大于			3
硬度(邵氏 A)			30～60
拉伸粘结性	拉伸粘结强度(MPa)(不小于)	标准条件	0.45
		90℃	0.45
		−30℃	0.45
		浸水后	0.45
		水—紫外线光照后	0.45
	黏结破坏面积(%)　不大于		5
热老化	加热质量损失(%)　不大于		10
	龟裂		无
	粉化		无

① 仅适用于双组分产品。

用聚醚型聚氨酯橡胶（琥珀色黏稠液）为主要原料和白色或灰色固化剂可调配成浅色聚氨酯密封膏，用户可根据使用场合的不同要求自行调节。

聚氨酯密封膏可分为优等品、一等品、合格品三个等级。

聚氨酯建筑密封膏的特点如下：

A. 双组分聚氨酯建筑密封膏具有易触变的黏度特性，因此不易流坠，施工性好，加少许外力，就可以从挤出枪中挤出；

B. 双组分聚氨酯建筑密封膏的使用期受温度影响，温度高使用期短，因此要求在20℃下。一次拌合量不超过 10kg；

C. 聚氨酯预聚体遇水或湿气反应而产生碳酸气，留在密封材料内部产生气泡，发泡膨胀率在 0%～5%范围内，高者达 10%～25%左右；

D. 聚氨酯建筑密封膏主要用于建筑物水泥制品的接缝，其被粘结物与粘结性之间的关系见表 3-53；

E. 聚氨酯建筑密封膏的耐寒性较好，本品在−54℃时仍具有弹性，由于聚醚型多元醇耐热特性较差，因此该密封膏耐热性也较差；

F. 聚氨酯建筑密封膏耐疲劳性能优于其他密封膏；

G. 单组分与双组分聚氨酯建筑密封膏，在密封良好且贮存温度适当时，一般贮存期均为 6 个月。

聚氨酯密封膏价格适中，适用于中档防水密封工程，广泛应用于装饰式建筑的屋面板、外墙板、楼地板、阳台、窗框等部位的接缝密封；混凝土建筑的沉降缝、伸缩缝的密封防水；给排水管道、贮水池、游泳池、厕浴间、水塔、桥梁等工程的接缝密封防水和渗漏修补；中模量防水密封膏适用于机场停机坪、玻璃幕墙等接缝密封防水。

被粘结物表面与粘结性的关系（20℃养护14d）　　表 3-53

砂浆的表面状态	项　目	双组分密封膏
干燥表面	150%定伸强度(MPa)	0.209
	拉伸粘接强度(MPa)	0.514
	延伸率(%)	581
	破坏状态	试件扯断
湿润面（砂浆浸水24h擦去表面水，刷底涂料）	150%定伸强度(MPa)	0.179
	拉伸粘接强度(MPa)	0.204(60%)①
	延伸率(%)	225(60%)
	破坏状态	粘面脱开
湿润面2（按1操作后，在室内干燥3h，刷底涂料）	150%定伸强度(MPa)	0.209
	拉伸粘接强度(MPa)	0.497(5%)
	延伸率(%)	558(5%)
	破坏状态	试件扯断及粘面脱开
油着面（砂浆面涂润滑油，用带甲苯的布轻擦）	150%定伸强度(MPa)	0.175
	拉伸粘接强度(MPa)	0.192(60%)
	延伸率(%)	189(60%)
	破坏状态	粘面脱开

① 括号内为与干燥面相比的指标降低率。

聚氨酯建筑密封膏的性能指标，目前我国已发布了适用于以聚氨基甲酸酯聚合物为主要成分的双组分反应固化型的建筑密封材料的《聚氨酯建筑密封膏》JC/T 482—1992 行业标准，其性能指标见表 3-54；有关单组分聚氨酯密封膏的性能指标参见表 3-55。

聚氨酯建筑密封膏的理化性能标准（JC 482—92）　　表 3-54

项　目		技术指标		
		优等品	一等品	合格品
密度(g/cm³)		规定值±0.1		
适用期(h)　不小于		3		
表干时间(h)　不大于		24	48	
渗出性指数不大于		2		
流变性	下垂度(N型)(mm)　不大于	3		
	流平性(L型)	5℃自流平		
低温柔性(℃)		−40	−30	
拉伸粘结性	最大拉伸强度(MPa)　不小于	0.200		
	最大伸长率(%)　不小于	400	200	
定伸粘结性(%)		200	160	
恢复率(%)　不小于		95	90	85
剥离粘结性	剥离强度(N/mm)　不小于	0.9	0.7	0.5
	粘结破坏面积(%)　不大于	25	25	40
拉伸—压缩循环性能级别		9030	8020	7020
		粘结和内聚破坏面积不大于25%		
外观质量	经目测，密封膏应为均匀膏状物，凝胶或不易分散的固体团块			

单组分聚氨酯密封膏技术指标[①]　　表 3-55

项　　目		国外指标	试验结果
下垂值(mm)		小于 1.6	0
挤出时间(s)		小于 45	合格
失黏时间(h)		小于 72	合格
贮存稳定性(在 26.5℃以下)		6 个月以上	2～3 个月
硬度(邵氏 A)		15 以下、50 以下	10～24
耐臭氧性(168h)		无龟裂	合格
热损失量(%)		小于 10	12,无裂痕粉化现象
剥离粘结强度(N/30mm)	玻璃	＞90	151.5 黏着面积 100%
	铝板	＞90	285 黏着面积 100%
150%定伸强度(MPa)	固化后	0.1 以上	0.24
	浸水 96h	0.1 以上	0.18
	70℃ 96h	0.1 以上	0.36
回弹率(%)		94 以上	100
密度(g/cm³)			1.2～1.25

① 表中数据为北京市建筑工程研究院产品。

3.4 施工工具及其使用

主要的施工机具有：混凝土搅拌机、平板振捣器、手推车、2m 靠尺、木刮杠、水桶、木抹子、铁抹子、铁滚筒、平锹、钢丝刷等。

3.4.1 混凝土搅拌机

常用的混凝土搅拌机按其搅拌原理主要分为自落式搅拌机和强制式搅拌机两类。

(1) 自落式搅拌机

这种搅拌机的搅拌鼓筒是垂直放置的。随着鼓筒的转动，混凝土拌合料在鼓筒内作自由落体式翻转搅拌，从而达到搅拌的目的。自落式搅拌机多用以搅拌塑性混凝土和低流动性混凝土。筒体和叶片磨损较小，易于清理，但动力消耗大，效率低。搅拌时间一般为90～120s/盘，其构造如图 3-55 所示。

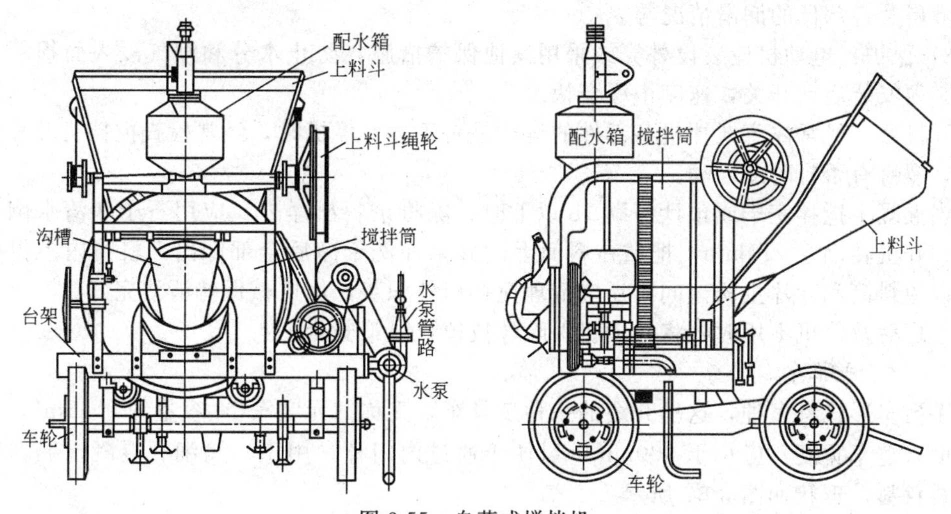

图 3-55　自落式搅拌机

(2) 强制式搅拌机

强制式搅拌机的鼓筒是水平放置的，其本身不转动。筒内有两组叶片，搅拌时叶片绕竖轴旋转，将材料强行搅拌，直至搅拌均匀。这种搅拌机的搅拌作用强烈，适宜于搅拌干硬性混凝土和轻骨料混凝土，也可搅拌低流动性混凝土，具有搅拌质量好，搅拌速度快，生产效率高，操作简便及安全等优点。但机件磨损严重，一般需用高强合金钢或其他耐磨材料做内衬。强制式搅拌机如图 3-56 所示。

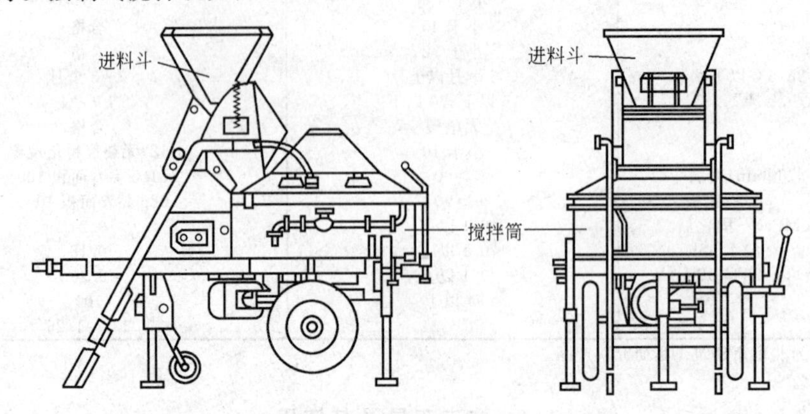

图 3-56 强制式搅拌机

(3) 搅拌机使用注意事项

1) 安装：搅拌机应设置在平坦的位置，用方木垫起前后轮轴，使轮胎搁高架空，以免在开动时发生走动。

固定式搅拌机要装在固定的机座或底架上。

2) 检查：电源接通后，必须仔细检查，经 2～3min 空车试转认为合格，方可使用。试运转时应校验拌筒转速是否合适，一般情况下，空车速度比重车（装料后）稍快 2～3 转，如相差较多，应调整动轮与传动轮的比例。

拌筒的旋转方向应符合箭头指示方向，如不符时，应更正电机接线。

检查传动离合器和制动器是否灵活可靠，钢丝绳有无损坏，轨道滑轮是否良好，周围有无障碍及各部位的润滑情况等。

3) 保护：电动机应装设外壳或采用其他保护措施，防止水分和潮气浸入而损坏。电动机必须安装启动开关，速度由缓变快。

开机后，经常注意搅拌机各部件的运转是否正常。停机时，经常检查搅拌机叶片是否打弯，螺钉有否打落或松动。

当混凝土搅拌完毕或预计停歇 1h 以上时，除将余料出净外，应用石子和清水倒入拌筒内，开机转动 5～10min，把粘在料筒上的砂浆冲洗干净后全部卸出，料筒内不得有积水，以免料筒和叶片生锈。同时还应清理搅拌筒外积灰，使机械保持清洁完好。

下班后及停机不用时，将电动机保险丝拔掉，以策安全。

3.4.2 手推车

手推车形式有多种，这里介绍的一种工具车，又称“元宝车”，容量约 0.12m^3，轮轴总长度（整车宽度）应小于 900mm，以便于通过内门樘。用于运输细石混凝土熟料和其他散装材料，形状如图 3-57 所示。

3.4.3 木刮杠、木刮尺

木杠分为长、中、短三种。长木杠为 2500～3500mm，一般用于冲筋；中木杠为 2000～2500mm，短木杠为 1500mm 左右，用于刮平平面上的细石混凝土拌合料料层。木杠断面一般为矩形；刮尺断面操作一边为平面，另一面为坡面，长度在 1m 左右。木刮杠、木刮尺形状尺寸如图 3-58 所示。

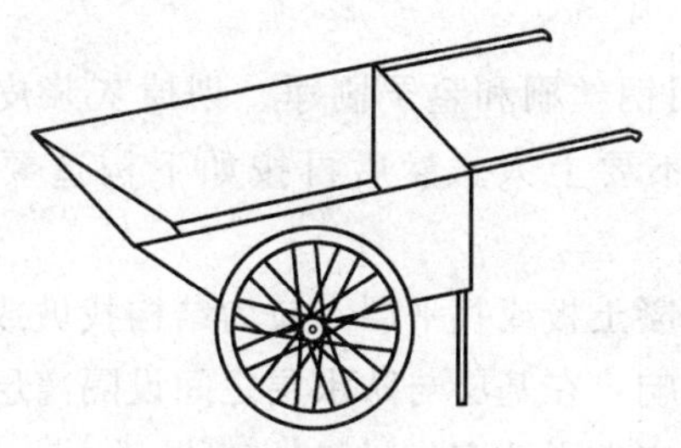

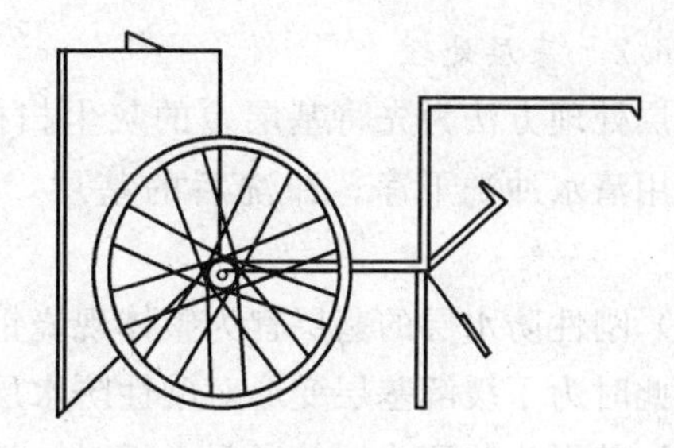

图 3-57　手推车

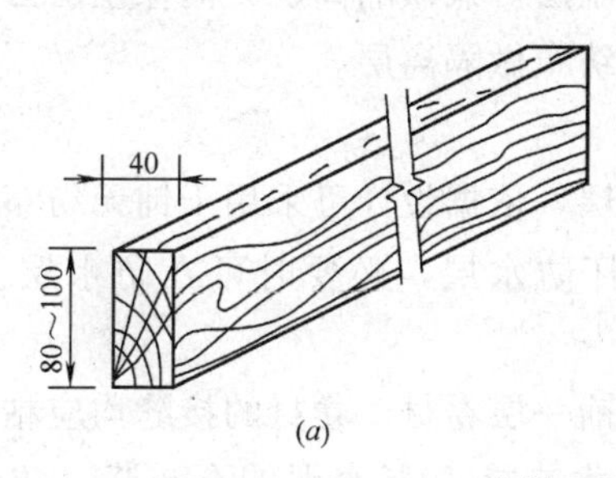

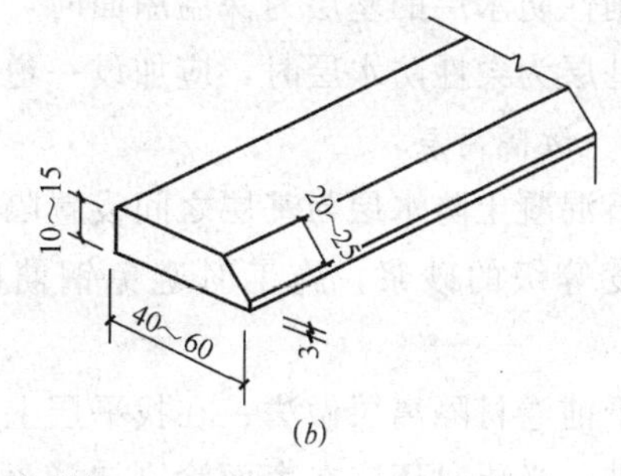

图 3-58　木刮杠

(a) 刮杠；(b) 刮尺

3.4.4　木抹子（称木蟹）

是用红白松木制做而成，适用于细石混凝土拌合料的搓平，如图 3-59 所示。

3.4.5　铁抹子（也称铁板）

一般用于抹底子灰或抹细石混凝土拌合料面层时的压光操作，如图 3-60 所示。

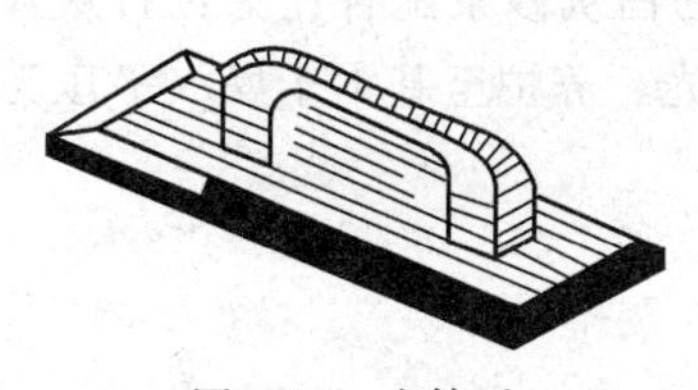

图 3-59　木抹子

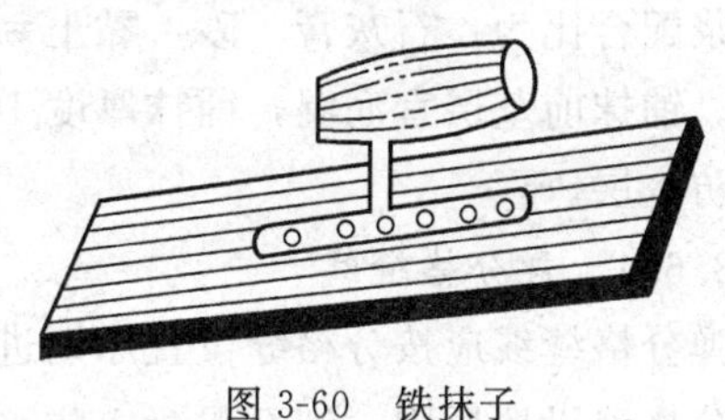

图 3-60　铁抹子

3.4.6　铁滚筒

用于刚性防水施工时铺细石混凝土拌合料后的压实、压平操作，如图 3-61 所示。

其他机具见各课题中相应内容。

图 3-61　铁滚筒

3.5　操作工艺流程

细石混凝土防水层操作工艺流程：

清理基层 → 找坡 → 做找平层 → 做隔离层 → 弹分格缝线 → 安装分格缝木条、支边模板 → 绑扎防水层钢筋网片 → 浇筑细石混凝土 → 养护 → 分格缝、变形缝等细部构造密封处理

3.6　细石混凝土防水层施工操作要点

3.6.1　施工气温

刚性防水层施工气温宜为 5～35℃，并应避免在负温度或烈日暴晒下施工。

3.6.2　基层处理

基层处理方法为先将基层上的灰尘扫掉，用钢丝刷和錾子刷净、剔掉灰浆皮和灰渣层，并用清水冲洗干净。冲洗后的基层，最好不要上人。然后再按如下构造要求进行处理：

(1) 刚性防水层的基层宜为整体现浇钢筋混凝土板或找平层，应为结构找坡或找平层找坡，此时为了缓解基层变形对刚性防水层的影响，在基层与防水层之间设隔离层。

(2) 基层为装配式钢筋混凝土板时，板端缝应先嵌填密封材料处理。

(3) 刚性防水层的基层为保温屋面时，保温层可兼做隔离层，但保温层必须干燥。

(4) 基层为柔性防水层时，应加设一道无纺布做隔离层。

3.6.3　做隔离层

在细石混凝土防水层与基层之间设置隔离层，依据设计可采用干铺无纺布、塑料薄膜或者低强度等级的砂浆，施工时避免钢筋破坏防水层，必要时可在防水层上做砂浆保护层。

(1) 干铺卷材隔离层做法：在找平层上平铺一层卷材，卷材的接缝均应粘牢；表面平整、无褶皱；必要时还应在表面涂刷二道石灰水或掺10%水泥的石灰浆（防止暴晒卷材发软），待隔离层干燥有一定强度后进行防水层施工。

(2) 采用低强度等级的砂浆的隔离层表面应压光，施工后的隔离层应表面平整光洁，厚薄一致，并具有一定的强度。在浇筑细石混凝土前，应做好隔离层成品保护工作，不能踩踏破坏，待隔离层干燥，并具有一定的强度后，细石混凝土防水层方可施工。

黏土砂浆或白灰砂浆隔离层做法（采用这两种低强度等级砂浆的隔离作用较好）：黏土砂浆配合比为：石灰膏∶砂∶黏土＝1∶2.4∶3.6；白灰砂浆配合比为：石灰膏∶砂＝1∶4。铺抹前基层宜润湿，铺抹厚度10～20mm，压光，养护至基本干燥（平压无痕）即可做防水层。

3.6.4　弹分格缝线

弹分格缝线应按分格缝设置原则进行。

分格缝设置原则：细石混凝土防水层的分格缝，应设在变形较大和较易变形的屋面板的支承端、屋面转折处、防水层与突出屋面结构的交接处，并应与板缝对齐，其纵横间距应控制在6m以内。

分格缝按设缝原则确定后，用墨斗弹出分格缝位置线，墨迹要清楚。

3.6.5　粘贴、安放分格缝木条

(1) 分格缝的宽度应不大于40mm，且不小于10mm，如接缝太宽，应进行调整或用聚合物水泥砂浆处理。

(2) 按分格缝的宽度和防水层的厚度加工或选用分格木条。木条应质地坚硬、规格正确，为方便拆除应做成上大下小的楔形、使用前在水中浸透，涂刷隔离剂。

(3) 采用水泥素灰或水泥砂浆固定于弹线位置，要求尺寸、位置正确，且针对施工要求采取有效的临时固定措施。

(4) 为便于拆除，分格缝镶嵌材料也可以使用聚苯板或定型聚氯乙烯塑料分格条，底部用水泥砂浆固定在弹线位置。

3.6.6 绑扎钢筋网片

(1) 钢筋网片可采用ϕ4～6mm冷拔低碳钢丝，间距为100～200mm的绑扎或点焊的双向钢筋网片。钢筋网片应放在防水层上部。钢筋的保护层厚度不应小于10mm，弯曲的钢丝必须调直。

(2) 钢筋网片要保证位置的正确性并且必须在分格缝处断开，可采用如下方法施工：将分格缝木条开槽、穿筋，使冷拔钢丝调直拉伸并固定在屋面周边设置的临时支架上，待混凝土浇筑完毕，强度达到50%时，取出木条，剪断分格缝处的钢丝，然后拆除支架。

(3) 当钢筋网片为绑扎时，应按设计给出的钢筋间距尺寸，在纵横两个方向上画出钢筋间距标记，然后逐根上料（筋）、摆（料），以防止破坏隔离层；绑扎时将两个相邻的绑扎点绑扎成八字形。绑扎丝收口甩头应向下弯，不得露出防水层表面。

3.6.7 浇筑细石混凝土

(1) 搅拌、运输、灌注　细石混凝土面层的强度等级应按设计要求做试配，如设计无要求时，不应小于C20，由试验室根据原材料情况计算出配合比，应用搅拌机搅拌均匀，坍落度不宜大于3cm。按国家标准《混凝土结构工程施工质量验收规范》的规定制作混凝土试块，当改变配合比时，亦须相应制作试块。

防水层的细石混凝土宜掺膨胀剂、减水剂、防水剂等外加剂，并应用机械搅拌，混凝土搅拌时间不应少于2min。

运输细石混凝土时，应注意防止混凝土分层离析；浇筑细石混凝土时，用浇灌斗吊运的倾倒高度不应大于1m，分散倾倒在屋面；浇筑混凝土应从高处往低处、由远而近进行。

铺摊混凝土时必须保护钢筋不错位。分格板块内的混凝土应连续一次性整体浇灌，不得留施工缝，从搅拌至浇筑完成应控制在2h内。

(2) 振捣　振捣用高频平板振捣器振捣至表面出浆，再用滚筒碾压至泛浆为止。在分格缝处，应在两侧同时浇筑混凝土后再振，以免模板位移，浇筑中用2m靠尺检查，当平整度达到要求后，用木抹子将混凝土表面拍实、抹平。

(3) 表面处理　表面应刮平，用铁抹子压光压实，达到平整并符合排水坡度要求。抹压时严禁在表面洒水，加水泥浆或撒干水泥。当混凝土收水初凝后，用铁抹子进行第一次抹压出光；待混凝土再次收水后，即第一次抹压出的光亮消退后进行二次表面压光，使混凝土表面平整、光滑、无抹痕；待混凝土终凝前，大约在混凝土浇筑后10h左右提出分格缝模板并进行第三次压光，同时做好缝边修整操作。

3.6.8 养护

细石混凝土终凝后（12～24h）应进行养护，养护初期禁止上人。养护方法可采用洒水湿润，也可采用喷涂养护剂、覆盖塑料薄膜或锯末等方法，必须保证细石混凝土处于充分的湿润状态；养护时间不应少于14d。

3.6.9 分格缝、变形缝等细部构造的密封防水处理

(1) 细部构造基本要求

1) 屋面刚性防水层与山墙、女儿墙等所有竖向结构及设备基础、管道等突出屋面结构交接处都应断开，留出30mm的间隙，并用密封材料嵌填密封。在交接处和基层转角处应加设防水卷材，为了避免用水泥砂浆找平并抹成圆弧易造成粘结不牢、空鼓、开裂的现象，而采用与刚性防水层做法一致的细石混凝土（内设钢筋网片）在基层与竖向结构的

交接处和基层的转角处找平并抹圆弧，同时为了有利于卷材铺贴，圆弧半径宜大于100mm，小于150mm。竖向卷材收头固定密封于立墙凹槽或女儿墙压顶内，屋面卷材头应用密封材料封闭。

2）细石混凝土防水层应伸到挑檐或伸入天沟、檐沟内不小于60mm，并做滴水线。

（2）嵌填密封材料

1）应先对分格缝、变形缝等防水部位的基层进行修补清理，去除灰尘杂物，铲除砂浆等残留物，使基层牢固、表面平整密实、干净干燥，方可进行密封处理。

2）密封材料采用改性沥青密封材料或合成高分子密封材料等。嵌填密封材料时，应先在分格缝侧壁及缝上口两边150mm范围内涂刷与密封材料材性相配套的基层处理剂。改性沥青密封材料基层处理剂现场配置，为保证其质量，应配比准确，搅拌均匀。多组分反应固化型材料，配置时应根据固化前的有效时间确定一次使用量，用多少配置多少，未用完的材料不得下次使用。

3）处理剂应涂刷均匀，不露底。待基层处理剂表面干燥后，应立即嵌填密封材料。密封材料的接缝深度为接缝宽度的0.5～0.7倍，接缝处的底部应填放与基层处理剂不相溶的背衬材料，如泡沫棒或油毡条。

4）当采用改性石油沥青密封材料嵌填时应注意以下两点：

A. 热灌法施工应由下向上进行，尽量减少接头，垂直于屋脊的板缝宜先浇灌，同时在纵横交叉处宜沿平行于屋脊的两侧板缝各延伸浇灌150mm，并留成斜槎。

B. 冷嵌法施工应先将少量密封材料批刮到缝槽两侧，分次将密封材料嵌填在缝内，用力压嵌密实，嵌填时密封材料与缝壁不得留有空隙，并防止裹入空气，接头应采用斜槎。

5）采用合成高分子密封材料嵌填时，不管是用挤出枪还是用腻子刀施工，表面都不会光滑平直，可能还会出现凹陷、漏嵌填、孔洞、气泡等现象，故应在密封材料表面干燥前进行修整。

6）密封材料嵌填应饱满、无间隙、无气泡，密封材料表面呈凹状，中部比周围低3～5mm。

7）嵌填完毕的密封材料应保护，不得碰损及污染，固化前不得踩踏，可采用卷材或木板保护。

3.6.10 细部构造

（1）普通细石棍凝土和补偿收缩混凝土防水层的分格缝内应嵌填密封材料，上部粘贴防水卷材，平缝式分格缝构造如图3-62所示；凸缝式分格缝构造如图3-63所示。

（2）细石混凝土防水层与天沟、檐沟交接处应留凹槽，并用密封材料封严。檐沟及滴水刚性防水构造如图3-64所示。

（3）刚性防水层与山墙、女儿墙的交接处应留设宽30mm的缝隙并用密封材料嵌填。泛水处应粘贴防水卷材或涂刷防水涂膜附加层。收头做法应用防水涂料多遍涂刷封严。如图3-65所示。

（4）变形缝出的刚性防水层与两侧墙体交接处应留设宽30mm缝隙，并用密封材料嵌填。泛水处应铺设防水卷材附加层，变形缝中填放衬垫材料，顶部加盖混凝土或金属盖板，如图3-66所示。

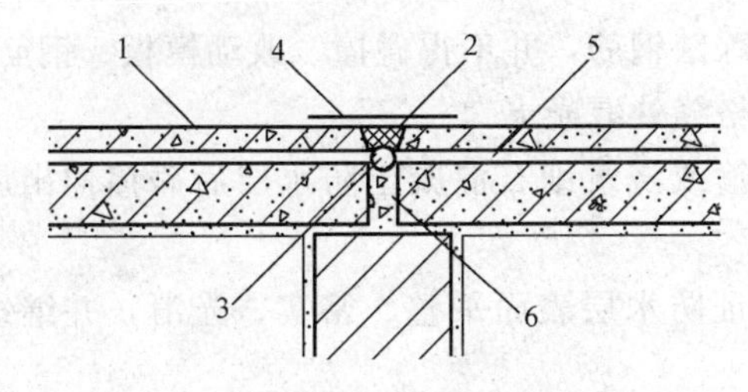

图 3-62　平缝式分格缝构造

1—刚性防水层；2—密封材料；3—衬垫材料；4—贴缝卷材；5—隔离层；6—细石混凝土

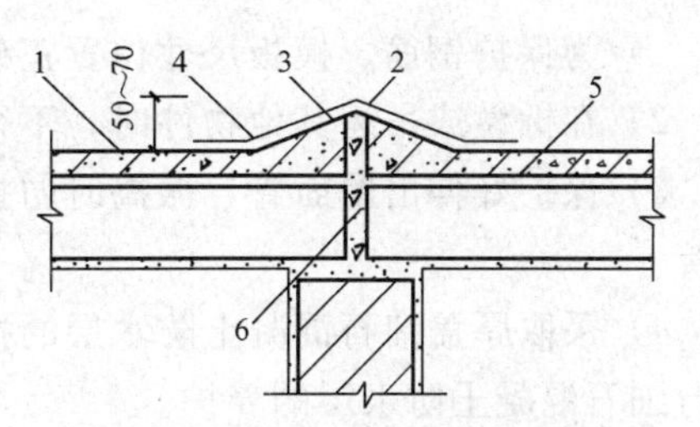

图 3-63　凸缝式分格缝构造

1—刚性防水层；2—密封材料；3—衬垫材料；4—贴缝卷材；5—隔离层；6—细石混凝土

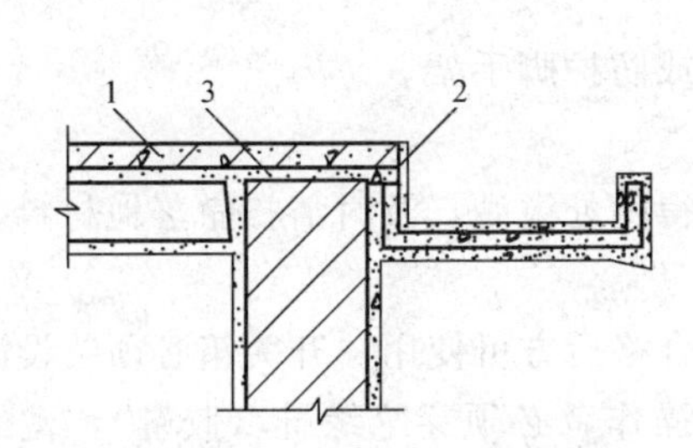

图 3-64　檐沟及滴水

1—刚性防水层；2—密封材料；3—隔离层

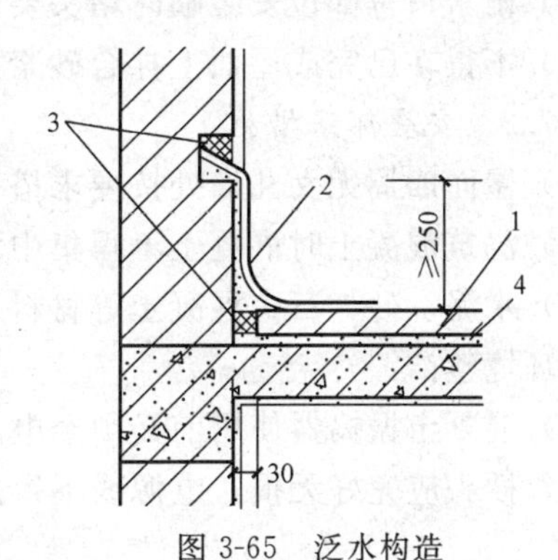

图 3-65　泛水构造

1—刚性防水层；2—防水卷材；3—密封材料；4—隔离层

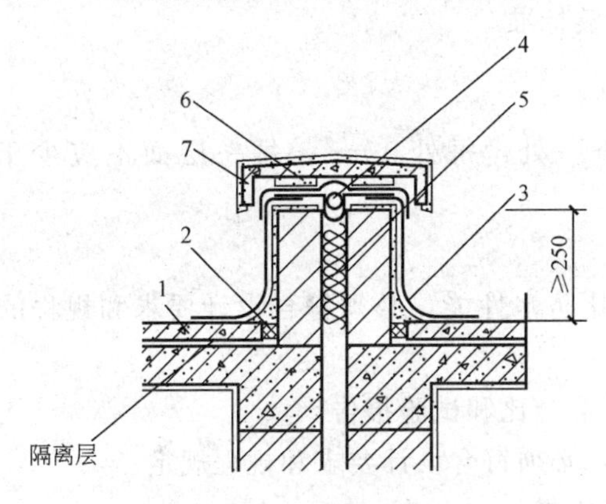

图 3-66　变形缝构造

1—刚性防水层；2—密封材料；3—防水卷材；4—衬垫材料；5—沥青麻丝；6—水泥砂浆；7—混凝土盖板

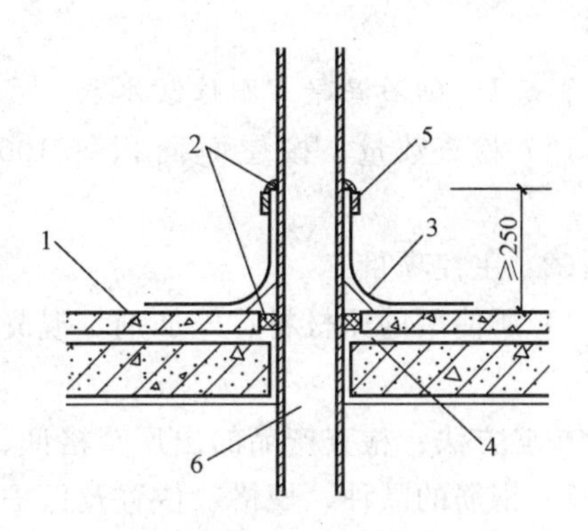

图 3-67　伸出屋面管道防水构造

1—刚性防水层；2—密封材料；3—卷材（涂膜）防水层；4—隔离层；5—金属箍；6—管道

（5）伸出屋面管道与刚性防水层交接处应留设宽 30mm 缝隙并用密封材料嵌填，同时加设柔性防水附加层，收头处应固定密封，如图 3-67 所示。

（6）水落口防水构造同本单元 3・课题 1・1.6.1・（10）・4）水落口防水构造。

3.7　成品保护及劳动安全、环保技术措施

3.7.1　成品保护

（1）施工过程中的成品保护

1）为保护钢筋、模板尺寸位置正确，不得踩踏钢筋，并不得碰撞、改动模板、钢筋。

2）在拆模或吊运其他物件时，不得碰坏分格缝处混凝土。

3）保护好伸出屋面管，振捣时勿挤偏金属箍或浇筑细石混凝土防水层后碰撞伸出屋面管。

4）采取厚盖细石混凝土防水层的措施，保证防水层表面平整、密实、光滑，并继续进行细石混凝土防水层的养护。

（2）刚性防水层混凝土浇筑完，应按要求进行养护，养护期间不准上人，其他工种不得进入，养护期过后也要注意成品保护。分格缝填塞时，注意不要污染屋面。

（3）雨水口等部位安装临时堵头要保护好，以防灌入杂物，造成堵塞。

（4）不得在已完成屋面上拌合砂浆及堆放杂物。

3.7.2　*安全环保措施*

（1）屋面四周无女儿墙处按要求搭设防护栏杆或防护脚手架。

（2）浇筑混凝土时混凝土不得集中堆放。

（3）水泥、砂、石、混凝土等材料运输过程不得随处溢洒，及时清扫撒落地材料，保持现场环境整洁。

（4）混凝土振捣器使用前必须经电工检验确认合格后方可使用。开关箱必须装设漏电保护器，插头应完好无损，电源线不得破皮漏电，操作者必须穿绝缘鞋（胶鞋），戴绝缘手套。

3.8　质量检验标准

3.8.1　*细石混凝土刚性防水层*

（1）检查数量：按屋面面积每 $100m^2$ 抽查一处，每处 $10m^2$，每一层面不应少于 3 处。

（2）主控项目

1）所使用的原材料、外加剂、混凝土配合比防水性能，必须符合设计要求和规程的规定。

检验方法：检查产品的出厂合格证、混凝土配合比和试验报告。

2）钢筋的品种、规格、位置及保护层厚度，必须符合设计要求和规程规定。

检验方法：可检查钢筋隐蔽验收记录和观察检查。

3）细石混凝土防水层不得有渗漏或积水现象。

检验方法：雨后或淋水、蓄水检查。

蓄水检查时可蓄水 30～100mm 高，持续 24h 观察。

（3）一般项目

1）细石混凝土防水层的坡度，必须符合排水要求，不积水，可用坡度尺检查或浇水观察。

2）细石混凝土防水层的外观质量应厚度一致、表面平整、压实抹光、无裂缝、起壳、起砂等缺陷。

3）泛水、檐口、分格缝及溢水口标高等做法应符合设计和规程规定；泛水、檐口做法正确，分格缝的设置位置和间距符合要求，分格缝和檐口平直，溢水口标高正确；可检查隐蔽工程验收记录及观察检查。

（4）实测项目

细石混凝土屋面的允许偏差应符合表3-56要求：

细石混凝土屋面的允许偏差 **表3-56**

项　目	允许偏差(mm)	检 验 方 法
平整度	±5	用2m直尺和楔形塞尺检查
分格缝位置	±20	尺 量 检 查
泛水高度	≥120	尺 量 检 查

3.8.2　密封材料

（1）检查数量：按每50m检查一处，每处5m，且不少于3处。

（2）主控项目

1）密封材料的质量必须符合设计要求。

检验方法：可检查产品的合格证、配合比和现场抽样复验报告。

2）密封材料嵌填必须密实、连续、饱满，粘结牢固，无气泡、开裂、鼓泡、下塌或脱落等缺陷；厚度符合设计和规程要求。

3）嵌填的密封材料表面应平滑，缝边应顺直，无凹凸不平现象。

（3）一般项目

1）密封材料嵌缝的板缝基层应表面平整密实，无松动、露筋、起砂等缺陷，干燥干净，并涂刷基层处理剂。

2）嵌缝后的保护层粘结牢固，覆盖严密，保护层盖过嵌缝两边各不少于20mm。

（4）实测项目

密封防水接缝宽度的允许偏差为±10%，接缝深度为宽度的0.5～0.7倍。

实训课题1　调制热沥青玛琋脂

一、材料

准备沥青和滑石粉或石灰石粉、油纸适量。

二、工具

铁桶、溶剂桶，电动搅拌器。

三、操作项目、数量

1. 操作项目：调制热沥青玛琋脂。

2. 数量：5kg。

四、操作内容及要求

1. 熔化沥青：要求计量准确且脱水达到要求；

2. 填充料处理：要求干燥并加热且计量准确；

3. 加入填充料：要求适时、慢慢地加入填充料，同时不停地搅拌至均匀为止；

4. 制作试件：要求会做出符合标准的试件；

5. 检查玛琋脂耐热度和柔韧性：按要求进行试验并确定沥青玛琋脂质量。

五、安全注意事项

同单元3·课题1中的相关内容。

六、考核内容及评分标准

调制热沥青玛琋脂的操作评定见表3-57。

《调制热沥青玛琋脂》操作评定表　　表3-57

序号	测定项目	分项内容	满分	评定标准	检测点					得分
					1	2	3	4	5	
1	熔化沥青	过程和操作质量	10	计量准确且脱水达标 一处不合格扣2分						
2	填充料处理	过程和操作质量	15	干燥、加热、计量准确 一点不合格扣2分						
3	加入填充料	过程和操作方法合理	15	适时、加入填充料方法正确、搅拌至均匀 一处不合格扣2分						
4	制作试件	过程和操作质量	20	符合标准及数量要求 一处不符合要求扣2～4分						
5	检查玛琋脂性能	过程和操作质量	20	试验方法符合要求 一处不符合要求扣2～4分						
6	综合操作能力表现及结果	符合操作规范	10	失误无分，部分一次错扣1分 玛琋脂性能不合格本项不给分						
7	安全文明施工	安全生产、落手清	4	重大事故本次实习不合格，一般事故扣4分，事故苗子扣2分；落手清未做无分，不清扣2分						
8	工效	定额时间	6	开始时间：　结束时间：　用时：　酌情扣分						

姓名：　　学号：　　日期：　　教师签字：　　总分：

实训课题2　热玛琋脂粘贴沥青油毡

一、材料

准备热玛琋脂，沥青油毡，冷底子油。

二、工具

扫帚，钢丝刷，皮老虎，铁桶，溶剂桶，油壶，锅灶，沥青加热保温车，压辊，长把刷，藤、棕刷，溜子

三、操作内容

1. 操作项目：热玛琋脂粘贴沥青油毡。考核可与施工生产相结合，在适合的施工部位进行。

2. 数量：$1m^2$。

四、操作内容及要求

1. 清理基层：要求将操作面上的尘土、杂物清扫干净；

2. 刷冷底子油：喷刷边角、管根，再喷刷大面，要求喷刷均匀无漏底；

3. 裁剪油毡：尺寸与铺帖的构造相适宜；

4. 粘贴第一层油毡：将浇油挤出、粘实、不存空气为度，并将挤出沿边油刮去以平为度；

5. 粘贴第二层油毡：油毡错开及搭接缝符合要求；同时要求浇油挤出、粘实、不存空气且沿边油刮平；

6. 蓄水检验：做好蓄水检验记录。

五、安全注意事项

同单元3·课题1中的相关内容。

六、考核内容及评分标准

热玛琋脂粘贴沥青油毡操作评定见表3-58。

《热玛琋脂粘贴沥青油毡》操作评定表　　表3-58

序号	测定项目	分项内容	满分	评定标准	检测点					得分
					1	2	3	4	5	
1	基层清理	过程和操作质量	10	表面无尘土、沙粒或潮湿处 一处不合格扣2分						
2	刷冷底子油	过程和操作质量	10	均匀无漏底 一点不合格扣2分						
3	裁剪油毡	过程和合理用料情况	10	尺寸与铺贴的构造相适宜 一处不合格扣2分						
4	粘贴第一层油毡	过程和操作质量	20	将浇油挤出、粘实、不存空气 并将挤出的沿边油刮平 一处不符合要求扣2～4分						
5	粘贴第二层油毡	过程和操作质量	20	将浇油挤出、粘实、不存空气并将挤出的沿边油刮平,油毡错开及搭接缝符合要求,一处不符合要求扣2～4分						
6	蓄水检验	及时、准确	10	一次不符合要求扣2分						
7	综合操作能力表现及渗漏结果	符合操作规范	10	失误无分,部分一次错扣1分						
8	安全文明施工	安全生产、落手清	4	重大事故本次实习不合格,一般事故扣4分,事故苗子扣2分;落手清未做无分,不清扣2分						
9	工效	定额时间	6	开始时间：　结束时间：　用时：　酌情扣分						

姓名：　　学号：　　日期：　　教师签字：　　总分：

实训课题3　施涂“一布三涂”涂膜防水层

一、材料

准备溶剂型SBS改性沥青防水涂料、玻璃纤维布、柴油适量。

二、工具

扫帚，钢丝刷，皮老虎，铁桶，溶剂桶，油壶，长把刷，藤刷，铁皮刮板，胶皮刮板，滚动刷等。

三、操作项目、数量

1. 操作项目：“一布三涂”涂膜防水层。考核可与施工生产相结合，在适合的施工部位进行，防水构造做法以设计为准。

2. 数量：$1m^2$。

四、操作内容及要求

1. 清理基层：要求将操作面上的尘土、杂物清扫干净，并检查、修补达标；

2. 配制并涂刷基层处理剂：先涂刷边角、再涂刷大面，要求涂刷均匀无漏底；

3. 裁剪玻璃纤维布：尺寸与铺帖的构造相适宜；

4. 涂刷第一层涂膜：每道涂刷两遍，涂层无气孔、气泡等缺陷，涂层平整，厚薄适宜；

5. 边铺设胎体增强材料边涂刷第二层涂膜：涂料浸透胎体，胎体平展，无褶皱，胎体不外露；

6. 涂刷第三层涂膜：要求同第一层涂膜；

7. 蓄水检验：做好蓄水检验记录。

五、安全注意事项

同单元3·课题2中的相关内容。

六、考核内容及评分标准

“一布三涂”涂膜防水层操作评定见表3-59。

《“一布三涂”涂膜防水层》操作评定表 **表3-59**

序号	测定项目	分项内容	满分	评定标准	检测点 1	2	3	4	5	得分
1	基层清理	过程和操作质量	10	无尘土、杂物并检查、修补达标 一处不合格扣2分						
2	配制并涂刷基层处理剂	过程和操作质量	10	配制达标;先刷边角,再刷大面,均匀无漏底 一点不合格扣2分						
3	裁剪玻璃纤维布	过程和合理用料情况	10	尺寸与铺贴的构造相适宜 一处不合格扣2分						
4	涂刷第一层涂膜	过程和操作质量	10	每道涂刷两遍,涂层无气孔、气泡等;涂层平整,厚薄适宜 一处不符合要求扣2分						
5	边铺胎体边涂第二层涂膜	过程和操作质量	20	涂料浸透胎体,胎体平展,无褶皱,胎体不外露 一处不符合要求扣2～4分						
6	涂刷第三层涂膜	过程和操作质量	10	涂刷两遍,涂层无气孔、气泡等 涂层平整,厚薄适宜 一处不符合要求扣2分						
7	蓄水检验	及时、准确	10	一次不符合要求扣2分						
8	综合操作能力表现及渗漏结果	符合规范操作要求	10	失误无分,部分一次错扣1分						
9	安全文明施工	安全生产、落手清	4	重大事故本次实习不合格,一般事故扣4分,事故苗子扣2分;落手清未做无分,不清扣2分						
10	工效	定额时间	6	开始时间： 结束时间： 用时： 酌情扣分						

姓名： 学号： 日期： 教师签字： 总分：

实训课题4 细石混凝土防水层施工

一、材料

水泥，砂子（中砂过筛），石子或混凝土；无纺布或塑料薄膜，木分格条，隔离剂，ϕ4冷拔低碳钢丝。

二、工具

混凝土搅拌机，手推车，振捣器，木刮尺，木抹子，铁抹子，铁锹，水桶，长毛刷子，钢丝刷等。

三、操作内容

1. 操作项目：细石混凝土防水层施工操作。

2. 数量：1～2m²。操作工位的工件如图 3-68 所示。

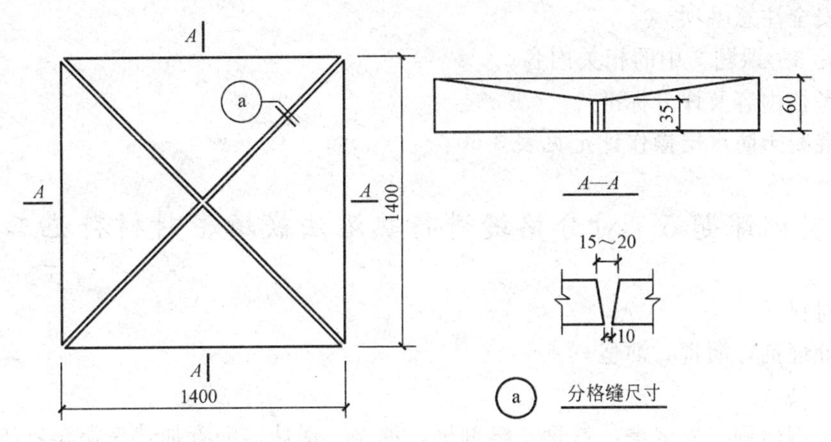

图 3-68 操作工位的工件

四、操作内容及要求

1. 基层处理：要求工位表面洁净；干铺无纺布或塑料薄膜，要求表面平整、无褶皱；处理后的基层，有措施控制不要上人。

2. 粘贴、安放分格缝木条：将分格条在水中浸透，涂刷隔离剂；按规矩，固定于设缝位置，要求尺寸、位置正确。

《细石混凝土防水层》操作评定表 **表 3-60**

序号	测定项目	分项内容	满分	评定标准	检测点 1	检测点 2	检测点 3	检测点 4	检测点 5	得分
1	基层处理	过程和操作质量	10	工位表面洁净；干铺隔离层表面平整、无褶皱；有控制措施 一处不合格扣 2 分						
2	粘贴、安放分格缝木条	过程和操作质量	10	分格条浸透；涂刷隔离剂；按规矩固定正确，位置准确 一点不合格扣 2 分						
3	绑扎钢筋网片	过程和操作质量	10	画出标记；绑扎扣成八字形；丝收口甩头下弯 一个步骤不合格扣 2 分						
4	浇筑细石混凝土	过程和操作质量	40	振捣至出浆；滚或抹压至泛浆，铁抹子压实；适时三遍压光；起出分格条；混凝土表面平整、光滑、无抹痕 一处不符合要求扣 2～4 分						
5	养护	过程和操作质量	10	及时、可靠；并酌情浇水 一处不符合要求扣 2 分						
6	综合操作能力表现	符合操作规范	10	失误无分，部分一次错扣 1 分						
7	安全文明施工	安全生产、落手清	4	重大事故本次实习不合格，一般事故扣 4 分，事故苗子扣 2 分；落手清未做无分，不清扣 2 分						
8	工效	定额时间	6	开始时间： 结束时间： 用时： 酌情扣分						

姓名： 学号： 日期： 教师签字： 总分：

3. 绑扎钢筋网片：画出钢筋间距标记；绑扎扣成八字形；绑扎丝收口甩头应向下弯。

4. 浇筑细石混凝土：振捣至表面出浆；压辊滚或抹压至泛浆；铁抹子压实、压光。适时进行三遍压光，起出分格条且保证混凝土表面平整、光滑、无抹痕。

5. 养护：适时进行苫盖；并酌情使用喷壶喷洒浇水。

五、安全注意事项

同单元3·课题3中的相关内容。

六、考核内容及评分标准

细石混凝土防水层操作评定见表3-60。

实训课题5　对分格缝进行热灌法嵌填密封材料施工

一、材料

基层处理剂，沥青，油毡。

二、工具

扫帚，钢丝刷，皮老虎，铁桶、溶剂桶，油壶，锅灶，沥青加热保温车，压辊，长把刷，藤、棕刷，溜子，嵌填工具，嵌填工具，小平铲等。

三、操作项目、数量

1. 操作项目：对分格缝进行热灌法嵌填密封材料操作。

2. 数量：1～2m^2。操作工位的工件如图3-67所示。

四、操作内容及要求

1. 基层处理：对分格缝进行清理；分格缝内无杂物、干净、干燥。

2. 涂刷基层处理剂：范围符合要求；涂刷均匀，不露底。

《对分格缝进行热灌法嵌填密封材料》操作评定表　　表3-61

序号	测定项目	分项内容	满分	评定标准	检测点					得分
					1	2	3	4	5	
1	基层处理	过程和操作质量	10	清理分格缝；缝内无杂物、干净、干燥 一处不合格扣2分						
2	涂刷基层处理剂	过程和操作质量	10	范围符合要求；涂刷均匀，不露底 一点不合格扣2分						
3	热灌法操作	过程和操作质量	20	调制热沥青玛𤧛脂；嵌填饱满、无间隙、无气泡，表面呈凹状 一个步骤不合格扣2分						
4	粘贴防水卷材	过程和操作质量	20	将浇油挤出、粘实、不存空气并将挤出的沿边油刮平 一处不符合要求扣2～4分						
5	卷材边用密封材料封闭	过程和操作质量	10	嵌填饱满、无间隙、无气泡 一处不符合要求扣2分						
6	蓄水检验	及时、准确	10	一次不符合要求扣2分						
7	综合操作能力表现	符合操作规范	10	失误无分，部分一次错扣1分						
8	安全文明施工	安全生产、落手清	4	重大事故本次实习不合格，一般事故扣4分，事故苗子扣2分；落手清未做无分，不清扣2分						
9	工效	定额时间	6	开始时间：　结束时间：　用时：　酌情扣分						

姓名：　　学号：　　日期：　　教师签字：　　总分：

3. 热灌法操作：调制热沥青玛琋脂；嵌填饱满、无间隙、无气泡，表面呈凹状。

4. 粘贴防水卷材：将浇油挤出、粘实、不存空气并将挤出的沿边油刮平。

5. 卷材边用密封材料封闭：嵌填饱满、无间隙、无气泡。

6. 蓄水检验：做好蓄水检验记录。

五、安全注意事项

同单元 3·课题 3 中的相关内容。

六、考核内容及评分标准

对分格缝进行热灌法嵌填密封材料操作评定见表 3-61。

复习思考题

1. 说明卷材屋面的层次组成及各层的作用。
2. 装配式钢筋混凝土板结构层的板缝如何处理？
3. 对水泥砂浆找平层的要求是什么？
4. 沥青油毡卷材屋面的作业条件是什么？
5. 高聚物改性沥青卷材屋面的作业条件是什么？
6. 什么是沥青材料？
7. 石油沥青的技术性能有哪些？
8. 什么是闪点？它与燃点的区别是什么？
9. 为什么石油沥青具有防水性？
10. 怎样选用沥青材料？
11. 沥青玛琋脂是如何配制的？
12. 某工程需用软化点为 75℃的石油沥青，现有 10 号及 60 号两种，由试验测得，10 号石油沥青软化点为 95℃，60 号石油沥青软化点为 45℃。问：应如何掺配才可以满足工程的需要？
13. 近年来我国常用的防水卷材有哪些？
14. SBS 改性沥青油毡的特点有哪些？
15. APP 改性沥青防水卷材的特点有哪些？
16. 三元乙丙橡胶防水卷材的特点有哪些？
17. 聚氯乙烯防水卷材的特点有哪些？
18. 说明小平铲、钢丝刷、铁桶、溶剂桶、油壶、沥青加热保温车、压辊、磅秤、胶皮刮板、铁皮刮板、钢卷尺、长把刷、藤、棕刷、喷灯施工工具的用处。
19. 分别说明什么是热沥青玛琋脂粘贴法与热熔法？
20. 热玛琋脂粘贴法施工工艺流程如何进行？
21. SBS 改性沥青油毡屋面施工如采用热熔法其工艺流程如何进行？
22. 沥青熬制如何进行？
23. 如何进行冷底子油配制？
24. 如何进行调制沥青玛琋脂操作？
25. 喷刷冷底子油如何进行？
26. 如何进行屋面第一层油毡的铺贴？

27. 如何进行屋面第二层油毡的铺贴？
28. 如何进行绿豆砂保护层操作？
29. 泛水收头如何进行操作？
30. 反梁过水孔的构造有哪些要求？
31. 热熔法施工时如何涂刷基层处理剂？
32. 热熔法施工时如何进行卷材铺贴？
33. 热熔法施工时如何进行卷材封边操作？
34. SBS改性沥青油毡屋面防水保护层施工有几种方法？分别说明。
35. 沥青油毡卷材屋面的成品保护措施有哪些？
36. 沥青油毡卷材屋面的安全环保措施有哪些？
37. SBS改性沥青油毡屋面的成品保护措施有哪些？
38. SBS改性沥青油毡屋面的安全环保措施有哪些？
39. 沥青油毡屋面施工质量检验中的主控项目有哪些？
40. 沥青油毡屋面施工质量检验中的一般项目有哪些？
41. SBS改性沥青油毡屋面施工质量检验中的主控项目有哪些？
42. SBS改性沥青油毡屋面施工质量检验中的一般项目有哪些？
43. 什么是涂膜防水屋面？并说明其适用范围。
44. 涂膜防水屋面对板缝的处理要求有哪些？
45. 涂膜防水屋面的作业条件是什么？
46. 什么是水乳型防水涂料？
47. 什么是溶剂型防水涂料？
48. 什么是反应型防水涂料？
49. 常用的高聚物改性沥青防水涂料品种有哪些？
50. 常用的合成高分子防水涂料品种有哪些？
51. 聚氨酯防水涂料的优点有哪些？
52. 丙烯酸酯防水涂料的缺点有哪些？
53. 防水涂膜的胎体增强材料有哪些？
54. 单独涂布涂膜防水工艺流程如何进行？
55. 铺贴胎体增强材料的涂布涂膜防水工艺流程如何进行？
56. 找平层凹凸不平如何处理？
57. 找平层起砂、起皮如何处理？
58. 找平层裂缝如何处理？
59. 找平层中预埋件固定不牢如何处理？
60. 对做防水涂膜的找平层有何要求？对其存在的问题如何处理？
61. 如何测定找平层的含水率？
62. 防水涂膜的施工顺序如何进行？
63. 如何进行基层处理剂涂布操作？
64. 天沟、檐沟部位的附加增强处理如何进行？
65. 檐口的附加增强处理如何进行？
66. 泛水的附加增强处理如何进行？

67. 水落口的附加增强处理如何进行？
68. 变形缝的附加增强处理如何进行？
69. 沥青基防水涂大面积涂布如何进行？
70. 如何铺设胎体增强材料？
71. 涂膜防水层中使用不同材料时有何要求？
72. 如何进行涂膜屋面保护层施工？
73. 涂膜防水层施工的检查、清理、验收内容是什么？
74. 二布六涂的涂膜防水层分层作法如何设置？
75. 一布四涂的涂膜防水层分层作法如何设置？
76. 如何进行薄质防水涂料的涂膜操作？
77. 使用双组分防水涂料时如何进行配制？
78. 涂膜防水层的成品保护措施是什么？
79. 使用溶剂型防水涂料的安全环保措施有哪些？
80. 屋面涂膜防水层施工质量检验中的主控项目有哪些？
81. 防水涂料和胎体增强材料抽样复验应符合哪些规定？
82. 屋面涂膜防水层施工质量检验中的一般项目有哪些？
83. 什么是刚性防水？什么是刚性防水屋面？并说明其适用范围。
84. 刚性防水屋面构造措施有哪些？
85. 刚性防水屋面的屋面结构采用装配式钢筋混凝土板时，对板缝应如何处理？
86. 对刚性防水屋面基层和防水层的处理有哪些要求？
87. 刚性防水屋面的作业条件有哪些？
88. 对刚性防水屋面所使用的水泥有哪些要求？
89. 对刚性防水屋面所使用的砂、石有哪些要求？
90. 什么是混凝土和易性？
91. 混凝土和易性的指标用什么表示？怎样测定？
92. 什么是 UEA 混凝土膨胀剂？怎样拌制补偿收缩混凝土？
93. 怎样拌制氯丁胶乳防水砂浆？该砂浆有哪些特性？它的适用范围是什么？
94. 什么是有机硅防水剂？它的应用范围有哪些？
95. 《屋面工程质量验收规范》中对密封材料的要求有哪些？
96. 什么是改性沥青密封材料？
97. 什么是硅酮建筑密封膏？
98. 硅酮建筑密封膏按用途的不同如何分类？各类硅酮密封膏的适用范围是什么？
99. 什么是聚氨酯建筑密封膏？
100. 聚氨酯建筑密封膏的特点有哪些？
101. 刚性防水屋面主要的施工机具有哪些？
102. 搅拌机使用注意事项有哪些？
103. 说明木刮杠、木刮尺、木抹子、铁抹子、铁滚筒施工工具的用处。
104. 细石混凝土防水层操作工艺流程如何进行？
105. 细石混凝土施工对气温有何要求？
106. 细石混凝土施工时基层处理如何进行？

107. 干铺卷材隔离层做法如何进行？
108. 低强度等级的砂浆隔离层施工如何进行？
109. 分格缝设置原则是什么？
110. 粘贴、安放分格缝木条如何进行？
111. 细石混凝土防水层的钢筋网片施工要求是什么？
112. 如何保证钢筋网片位置正确且在分格缝处断开？
113. 如何进行钢筋网片绑扎？
114. 细石混凝土的搅拌、运输、灌注施工有哪些要求？
115. 细石混凝土的振捣有什么要求？
116. 浇筑细石混凝土时的表面处理如何进行操作？
117. 如何进行细石混凝土防水层的养护？
118. 分格缝、变形缝细部构造的基本要求有哪些？
119. 嵌填密封材料之前对分格缝、变形缝应如何进行修补、处理？
120. 热灌法嵌填密封材料如何进行？
121. 冷嵌法嵌填密封材料如何进行？
122. 如何进行嵌填密封材料的操作？
123. 刚性防水屋面施工过程中的成品保护措施有哪些？
124. 刚性防水屋面施工中的安全环保措施有哪些？
125. 细石混凝土刚性防水层施工质量检验中的主控项目有哪些？
126. 细石混凝土刚性防水层施工质量检验中的一般项目有哪些？
127. 密封材料施工质量检验中的主控项目有哪些？
128. 密封材料施工质量检验中的一般项目有哪些？

单元4　地下防水工程施工

知 识 点：地下工程卷材防水构造；地下工程卷材防水层施工方法、材料、工具；地下工程卷材防水层施工工艺流程；地下工程卷材防水层施工操作要求及工艺；地下工程卷材防水细部构造；地下工程卷材防水质量检验标准。

教学目标（能力要求）：了解地下工程卷材防水构造、地下工程卷材防水层施工方法、材料、工具；熟悉地下工程卷材防水层施工工艺流程、地下工程卷材防水层施工操作要求及工艺；知晓地下工程卷材防水细部构造和地下工程卷材防水质量检验标准。

课题1　地下工程卷材防水施工

1.1　构造详图及营造做法说明

地下工程卷材防水层施工方法可分为外防外贴法施工和外防内贴法施工两种情况。一般情况应是采用外防外贴法施工，当围护结构墙体的防水施工受现场条件限制，外防外贴法难以实施时，方可先采用一段（最小高度为基础地板厚＋100mm）外防内贴法施工，随着围护结构墙体的增高，防水施工作业条件允许时（如放坡的基坑，随结构墙体的增高则结构墙体外部的作业面就越大），再采用外防外贴的施工方法。

外防外贴法：是在混凝土底板和结构墙体浇筑前，先在墙体外侧的垫层上用单砖砌筑高为1m（最小高度为基础地板厚＋100mm）左右的永久性保护墙体。平面部位的防水层铺贴在垫层上，立面部位的防水层先铺贴在永久性保护墙上，待结构墙体浇筑后，再直接将防水层铺贴在结构墙体的外表面（迎水面）上。

地下工程卷材外防外贴法防水构造如图4-1所示。

外防内贴法：平面部位的卷材铺贴方法与外防外贴法相同，而立面部位，先按设计要求的高度完成永久性保护墙体，将防水层铺贴在永久性保护墙上，最后完成钢筋混凝土底板和围护墙体的施工。

“外防外贴法”铺贴的防水层能随着结构的变形而同步变形，受保护层变形和基层沉降变形的影响较小，施工时便于控制混凝土结构及卷材防水层的施工质量，发现问题，可以及时修补，防水层的整体质量容易得到保证。这是优先采用外防外贴法施工的主要原因。

地下工程卷材外防内贴法防水构造如图4-2所示。

外防外贴法和外防内贴法的综合比较见表4-1。

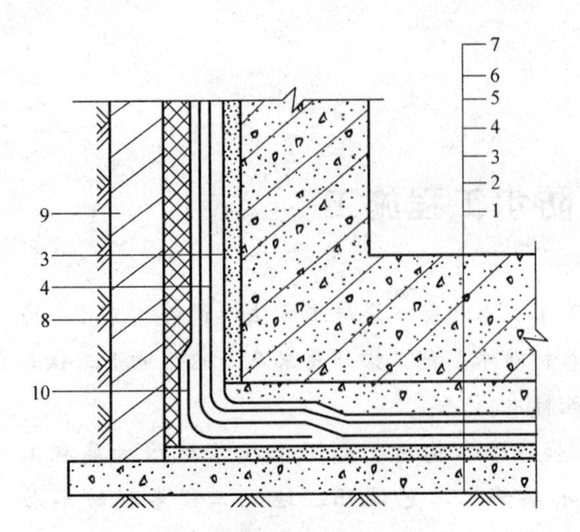

图 4-1　地下工程卷材外防外贴法防水构造

1—素土夯实；2—混凝土垫层；3—20mm 厚 1∶2.5 补偿收缩水泥砂浆找平层；4—卷材防水层；5—油毡保护层；6—40mm 厚 C20 细石混凝土保护层；7—钢筋混凝土结构层；8—5～6mm 厚聚乙烯泡沫塑料保护层；9—永久性保护墙体；10—附加防水层

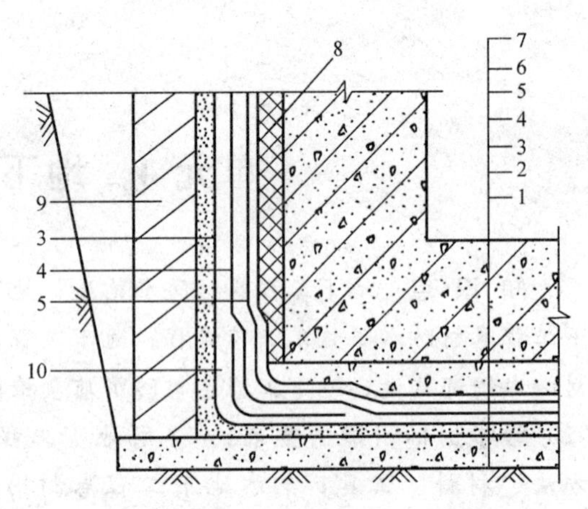

图 4-2　地下工程卷材外防内贴法防水构造

1—素土夯实；2—混凝土垫层；3—20mm 厚 1∶2.5 补偿收缩水泥砂浆找平层；4—卷材防水层；5—油毡保护层；6—40mm 厚 C20 细石混凝土保护层；7—钢筋混凝土结构层；8—5～6mm 厚聚乙烯泡沫塑料保护层；9—永久性保护墙体；10—附加防水层

外防外贴法和外防内贴法的比较　　**表 4-1**

项目	外防外贴法	外防内贴法
土方量	开挖土方量较大	开挖土方量较小
施工条件	需有一定工作面，四周无相邻建筑物	四周有无建筑物均可施工
混凝土质量	浇捣混凝土时，不易破坏防水层，易检查混凝土质量，但模板耗费量大	浇捣混凝土时，易破坏防水层，混凝土质量不易检查，模板耗费量小
卷材粘贴	预留卷材接头不易保护好，基础与外墙卷材转角处易弄脏受损，操作困难，易产生漏水	底板和外墙卷材一次铺完，转角卷材质量容易保证
工期	工期长	工期短
漏水试验	防水层做完后，可进行漏水试验，有问题及时处理	防水层做完后不能立即进行漏水试验，要等基础和外墙施工完后才能试验，有问题修补困难

1.2　作业条件

（1）地下水位高于防水层的施工部位，应先做好降低地下水位和排水工作，将地下水位降至防水层底标高以下 300mm，并保持到防水层施工完毕。

（2）铺贴防水层的基层应干燥、平整，并不得有起砂、空鼓、开裂等现象，阴阳角处应做成圆弧形或钝角。

（3）地面或墙面的预埋管件、变形缝等处应进行隐蔽工程检查验收，使其符合设计和施工验收规范的要求。

（4）外防水内贴法施工时，应在需要铺贴立墙防水层的外侧，按设计要求砌筑永久性保护墙，防水层一侧的立墙面抹 1∶3 水泥砂浆找平层，达到表面干燥后，方可做防水层的施工。

(5) 外防水外贴法施工时，清出防水层接槎部位，结构表面应按设计要求做找平层，干燥后方可做防水层。

(6) 箱型与抗压板钢筋混凝土底板下铺贴油毡卷材防水层前，应在垫层上抹好水泥砂浆找平层，待干燥后方可进行防水层施工。

(7) 沥青油毡卷材防水层施工的环境温度不应低于5℃。

1.3 施工材料及其要求

1.3.1 防水卷材

用卷材作地下工程的防水层，因长年处在地下水的浸泡中，所以不得采用极易腐烂变质的纸胎类沥青防水油毡，宜采用高聚物改性沥青防水卷材和合成高分子防水卷材作防水层，本部分内容见单元3· 课题1·1.3：施工材料及其要求中的内容。

(1) 沥青防水卷材

防水卷材进场后，应对材质分批进行抽样复检，其技术性能指标必须符合所用卷材规定的质量要求。沥青防水卷材宜用350号和500号油毡，产品质量应符合单元3·课题1·1.3：施工材料及其要求中“表3-6”的要求。

沥青防水卷材的外观质量，应符合表4-2的要求。

沥青防水卷材的外观质量要求　　表4-2

项　目	外观质量要求
孔洞、硌伤	不允许
露胎、涂盖不匀	不允许
折纹、折皱	距卷芯1000mm以外，长度不应大于100mm
裂纹	距卷芯1000mm以外，长度不应大于10mm
裂口、缺边	边缘裂口小于20mm，缺边长度小于50mm，深度小于20mm，每卷不应超过四处
接头	每卷不应超过一处

(2) 玻璃纤维胎防水卷材

1) 玻璃纤维布胎沥青防水卷材

玻璃纤维布胎石油沥青防水卷材（简称玻璃布油毡）系采用玻璃纤维布为胎体，浸涂石油沥青并在两面涂撒矿物隔离材料所制成的可卷曲的片状防水材料。本品是一种以无机纤维为胎体的沥青防水卷材。

玻璃布油毡的拉伸强度、柔韧性较好，耐腐蚀性较强，吸水率低，耐久性比纸胎石油沥青油毡提高一倍以上，特别是它的耐腐蚀性较好，可广泛用于各种地下工程和人防工程。

玻璃布油毡按物理性能可分为一等品和合格品两类。

玻璃布油毡其规格幅宽为1000mm。

玻璃布油毡其技术要求如下：每卷质量应不小于15kg（包括不大于0.5kg的硬质卷芯），每卷油毡面积为$(20\pm0.3)m^2$。

油毡的外观质量应符合下列要求：

A. 成卷油毡应卷紧；

B. 成卷油毡在5～45℃的环境温度下应易于展开，不得有粘结和裂纹；

C. 浸涂材料应均匀、致密地浸涂玻璃布胎膜；

D. 油毡表面必须平整，不得有裂纹、孔眼、扭曲折纹；

E. 涂布或撒布材料均匀、致密地粘附于涂盖层两面；

F. 每卷油毡的接头应不超过一处，其中较短一段不得少于 2000mm，接头处应剪切整齐，并加长 150mm 备作搭接。

玻璃布油毡质量执行标准 JC/T 84—1996，其物理性能应符合表 4-3 规定。

玻璃纤维布胎石油沥青防水卷材物理性能　　表 4-3

项目 \ 等级		一等品	合格品
可溶物含量(g/m^2) ≥		420	380
耐热度[(85±2)℃,2h]		无滑动、起泡现象	
不透水性	压力(MPa)	0.2	0.1
	时间不小于 15min	无渗漏	
拉力[(25±2)℃时纵向](N) ≥		400	360
柔度	温度(℃) ≤	0	5
	弯曲直径 30mm	无裂纹	
耐霉菌腐蚀性	质量损失(%) ≤	2.0	
	拉力损失(%) ≤	15	

玻璃布油毡的胎基是中碱玻璃纤维布，其质量要求参见表 4-4。

平纹中碱玻璃纤维布质量指标要求　　表 4-4

项　目	指标要求
厚度(mm)不小于	0.1
幅度(mm)	1000
质量(g/m^2)不小于	105
经纬密度(根/m^2)不小于	经纱 16，纬纱 14
原纱支数	经纱 45/2，纬纱 25/2
单纤维直径(μm)不大于	8
经向拉力(N/50mm)不小于	500
浸润剂含量(%)不大于	2
玻纤的碱性氧化物含量(%)	13

2）玻璃纤维毡胎沥青防水卷材

玻璃纤维胎沥青防水卷材（简称玻纤胎油毡），系采用玻璃纤维薄毡为胎基，浸涂石油沥青，在其表面涂撒以矿物粉料或覆盖聚乙烯膜等隔离材料而制成可卷曲的片状防水材料。

玻璃纤维毡胎为无机材料，具有良好的耐水性、耐腐性与耐久性，属中等拉力，低延伸率，质地较脆，优于原纸胎沥青防水卷材。

玻纤胎油毡按物理性能可分为优等品、一等品和合格品三类。

玻纤胎油毡的规格幅宽为 1000mm。其品种按油毡上表面材料分为膜面、粉面和砂面三个品种。按每 $10m^2$ 标称质量分为 15 号、25 号、35 号三个标号。

15 号玻纤胎油毡适用于一般工业和民用建筑的多层防水，并用于包扎管道（热管道除外），作防腐保护层；25 号和 35 号玻纤胎油毡适用于屋面、地下、水利等工程的多层防水，其中35号玻纤胎油毡可采用热熔法施工的多层（或单层）防水；彩砂面玻纤胎油毡适用于防水层面层和不再作表面处理的斜屋面。

玻纤胎油毡质量执行《石油沥青玻璃纤维胎油毡》GB/T 14686—93，见表4-5和表4-6。

玻纤胎油毡质量（GB/T 14686—93） **表4-5**

标号	15号			25号			35号		
上表面材料	PE膜	粉	砂	PE膜	粉	砂	PE膜	粉	砂
标称每卷质量(kg)	30			25			35		
每卷质量(kg)不小于	25.0	26.0	28.0	21.0	22.0	24.0	31.0	32.0	34.0

玻纤胎油毡的物理性能 **表4-6**

标号		15号			25号			35号		
指标名称 \ 等级		优等品	一等品	合格品	优等品	一等品	合格品	优等品	一等品	合格品
可溶物含量(g/m^2)不小于		800		700	1300		1200	2100		2000
不透水性	压力(MPa)不小于	0.1			0.15			0.2		
	保持时间(min)不小于	30								
耐热度(℃)		85±2受热2h涂盖层应无滑动								
拉力(N)不小于	纵向	300	250	200	400	300	250	400	320	270
	横向	200	150	130	300	200	180	300	240	200
柔度	温度(℃)不高于	0	5	10	0	5	10	0	5	10
	弯曲半径	绕 r=15mm弯板无裂纹						绕 r=25mm弯板无裂纹		
耐霉菌(8周)	外观	2级			2级			1级		
	质量损失率(%)不大于	3.0			3.0			3.0		
	拉力损失率(%)不大于	40			30			20		
人工加速气候老化(27周期)	外观	无裂纹、无气泡等现象								
	质量损失(%)不大于	8.00			5.50			4.00		
	拉力变化率(%)	+25～−20			+25～−15			+25～−10		

每卷质量应符合表4-5规定。每卷面积：15号为（20±0.2）m^2；25号和35号为（10±0.1）m^2。

玻纤胎油毡的外观质量应符合下列要求：

A. 成卷油毡应卷紧卷齐，卷筒两端厚度差不得超过5mm，端面里进外出不得超过10mm；

B. 成卷油毡在环境温度5～45℃时应易于展开，不得有破坏毡面长度10mm以上的粘结和距卷芯1000mm以外长度10mm以上的裂纹；

C. 胎基必须均匀浸透，并与涂盖材料紧密粘结；

D. 油毡表面必须平整，不允许有孔洞、硌伤以及长度20mm以上的疙瘩和距卷芯1000mm以外长度100mm以上的折纹、折皱，20mm以内的边缘裂口或长50mm、深20mm以内的缺边不应超过4处；

E. 撒布材料的颜色和粒度应均匀一致，并紧密地粘附于油毡表面；

F. 每卷油毡接头不应超过一处，其中较短的一段不得少于 2500mm，接头处应剪切整齐，并加长 150mm。

玻纤胎油毡的物理性能应符合表 4-6 的规定。

玻纤胎油毡质地柔软，用于阴阳角部位防水处理，边角服帖，不易翘曲，易于粘结牢固。

玻纤胎油毡具有良好的耐酸、耐碱性能，将卷材试件浸泡在浓度为 20%、密度为 1.1g/cm^3 的盐酸溶液中，30～90d 后拉力减少 12%～34%，而外观无变化；将卷材试件浸泡在浓度为 14%、密度为 1.15g/cm^3 的氢氧化钠溶液中，30～90d 后拉力减少 12%～80%，外观也无变化，所以玻纤胎油毡适宜在酸碱环境中使用。

1.3.2 胶结材料

《地下工程防水技术规范》GB 50108—2001 中规定：粘贴各类卷材必须采用与卷材材性相容的胶粘剂，且胶粘剂的质量应符合下列要求：

A. 高聚物改性沥青卷材间的粘结剥离强度不应小于 8N/10mm；

B. 合成高分子卷材胶粘剂的粘结剥离强度不应小于 15N/10mm；浸水 168h 后的粘结剥离强度保持率不应小于 70%。

(1) 沥青玛琋脂

选用沥青用于地下防潮、防水工程时，一般对软化点要求不高，但其塑性要好，黏性较大，使沥青层能与建筑物粘结牢固；并能适应建筑物的变形，而保持防水层完整，不遭破坏。

选用建筑石油沥青时，应采用 10 号、30 号沥青配制沥青玛琋脂；选用道路石油沥青时，应采 60 号甲、60 号乙沥青或其熔合物。

沥青玛琋脂的质量要求，应符合单元 3 · 课题 1 · 1.3：施工材料及其要求中“表 3-3”的要求。

(2) 改性沥青胶黏剂

改性沥青胶黏剂是油毡和改性沥青类防水卷材的粘结材料，主要用于卷材与基层、卷材与卷材之间的粘结，亦可用于水落口、管道根、女儿墙等易渗部位细部构造处做附加增强、嵌缝密封处理。

一般有冷玛琋脂和热玛琋脂两种。改性沥青胶粘剂的粘结剥离强度不应小于 8N/10mm。

冷玛琋脂与经调配熬制而成的热玛琋脂相比较，其不同之处是在于石油沥青从固态到液态的形成过程和方法的不同，后者是用锅灶熔化，而前者是用溶剂溶解。

石油沥青经溶剂溶解和复合填料改性后，改变了其高温易流淌、低温易脆裂的习性，提高了粘结材料的延伸率、抗裂性、耐老化性和低温柔韧性，且难燃，便于保存和运输。

冷玛琋脂可代替热沥青玛琋脂使用，对各种石油沥青卷材作“三毡四油”“二毡三油”防水层的铺设；也可直接作为防水涂料使用，但施工时需用玻璃布、玻纤毡等胎体材料作增强处理，以提高防水层的强度和使用寿命。铺设时，可视建筑物的防水等级采用“三布四涂”或“二布三涂”施工工艺；还可用于设备管道的防腐处理，以及旧屋面的维修补漏。

冷玛琋脂与用锅灶熬制的热沥青或热沥青玛琋脂的性能对比见表 3-6。

冷玛琋脂的物理性能如下（天津油毡厂产品）：

耐热度　85℃，2h，坡度1∶1，无流淌、滑动；

柔度　－5℃，2h，绕ϕ2mm圆棒，无裂纹；

粘结力　揭开面积，不大于1/3。

1.4 施工工具及其使用

一般应备有沥青锅、鼓风机、油桶、油勺、油壶、漏勺、胶皮板刷、棕刷、皮老虎、长温度计（300～350℃）、保温车、消防器材等，详细内容见单元3·课题1·1.4：施工工具及其使用。

1.5 操作工艺流程

1.5.1 外防外贴法施工工艺流程：

保护墙放线→砌筑永久及临时性保护墙→抹保护墙找平层→抹垫层找平层→养护→清理→涂刷处理剂→铺贴附加油毡层→铺贴平面防水层→结构底板、墙体浇筑施工→拆除根部临时保护墙→结构立面抹找平层→养护→清理基层→涂刷处理剂→铺贴立面防水层→做防水层保护层→砌筑保护墙

1.5.2 外防内贴法施工工艺流程：

保护墙放线→砌筑保护墙→抹保护墙找平层→抹垫层找平层→养护→清理→涂刷处理剂→铺贴附加油毡层→铺立面防水层→铺贴平面防水层→做防水层保护层→结构底板、墙体浇筑施工

1.6 操作要点

1.6.1 外防外贴法施工操作要点

（1）保护墙放线

建筑物基础底板垫层施工后，按施工图测量放出保护墙位置线。

（2）砌筑永久及临时性保护墙

按设计要求砌筑永久性保护墙至基础底板上平标高以上100mm。为使墙体面防水卷材做好接槎，应加砌四皮砖，砌成临时保护墙，该四皮砖砌筑时用石灰砂浆，待结构墙体接续做外防外贴卷材防水层时拆除，以满足（底板防水卷材与）接续做的墙体防水卷材的搭接宽度要求。

（3）结构防水面基层抹找平层

为卷材粘贴牢固，在底板垫层、保护墙、结构基体面上做防水层，均应抹找平层，使防水卷材铺贴在一个平顺的基面上。抹找平层时要求阴阳角抹成圆角：非纸胎沥青类防水卷材的圆弧半径为100～150mm；高聚物碱性沥青防水卷材的圆弧半径应不小于50mm；合成高分子防水卷材的圆弧半径应不小于20mm。

（4）找平层养护

找平层抹完后应浇水养护，使其强度达到设计强度、且干燥无积水或过多的吸附水

时，才可做防水层。

（5）清理基层

地下工程找平层的平整度与屋面工程相同，表面应清洁、牢固，不得有疏松，尖锐棱角等凸起物。

将要下雨或雨后找平层尚未干燥时，不得进行铺贴卷材施工。

（6）涂刷基层处理剂

铺贴卷材前，应在基面上涂刷基层处理剂，当基面较潮湿时，应涂刷湿固化型胶粘剂或潮湿界面隔离剂。基层处理剂配制与施工应符合下列规定：

1）基层处理剂应与卷材及胶粘剂的材性相容；

2）基层处理剂可采取喷涂法或涂刷法施工，喷、涂应均匀一致、不露底，待表面干燥后，方可铺贴卷材。

传统卷材或沥青基类卷材施工时，为使铺贴防水卷材沥青玛𤷪脂与基层结合，在铺卷材前，应在铺贴面上，喷涂冷底子油两道。

冷底子油配制比例和方法：

比例：重量比 30%的沥青：70%的汽油。

配制方法：将沥青加热至不起泡沫，使其脱水，冷却至 90℃，将汽油缓缓注入沥青中，随注入随搅拌至沥青全部溶解为止。

（7）平面铺贴卷材

基层处理剂涂刷完成后，根据卷材规格及搭接要求弹线，按线分层铺设，铺贴卷材应符合下列要求：

1）采用热熔法或冷粘法铺贴卷材时，底板垫层混凝土平面部位的卷材宜采用空铺法或点粘法，其他与混凝土结构相接触的部位应采用满粘法，铺贴时应展平压实，卷材与基面和各层卷材间必须粘结紧密。

A. 冷粘法：用胶粘剂在常温下将卷材与基层、卷材与卷材间粘结的施工方法。

B. 空铺法：铺贴防水卷材时，卷材与基层在周边一定宽度内粘结，其余部分不粘结的施工方法。卷材防水层周边与基层粘贴 80mm 宽。

C. 点粘法：铺贴防水卷材时，卷材或打孔卷材与基层采用点状粘结的施工方法。每平方米卷材下粘 5 点（100m×100m），粘贴面积不大于总面积的 6%。

D. 满粘法：铺贴防水卷材时，卷材与基层采用全部粘结的施工方法。

2）在所有转角处均应铺贴附加层。附加层可用两层同样的卷材，也可用一层抗拉强度较高的卷材。附加层应按加固处的形状仔细粘贴紧密。

3）搭接长度

传统卷材搭接长度：长边不应小于 100mm，短边不应小于 150mm。上下两层和相邻两幅卷材的接缝应错开，上下层卷材不得相互垂直铺贴。

采用热熔法或冷粘法铺贴卷材时，两幅卷材短边和长边的搭接宽度均不应小于 100mm。采用合成树脂类的热塑性卷材时，搭接宽度宜为 50mm；如采用热焊接法施工，则焊缝有效焊接宽度不应小于 30mm。采用双层卷材时，上下两层和相邻两幅卷材的接缝应错开 1/3～1/2 幅宽，且两层卷材不得相互垂直铺贴。

热焊接法：用热风焊枪（机）加热，使热塑型卷材的需连接部位热融为一体。

4）在平面与立面的转角处，卷材的接缝应留在平面上，位置要求：距立面不小于 600mm 处（图 4-4）。

5）在转角处、阴阳角（包括两面角和三面角）等特殊部位，应增贴 1～2 层相同的卷材附加层（亦称为：加固层），宽度不宜小于 500mm。如图 4-3 所示为阴角（三面角）的加固层和第一层卷材铺贴方法；图 4-4 所示为阴角（三面角）的加固层和第二层卷材铺贴方法。

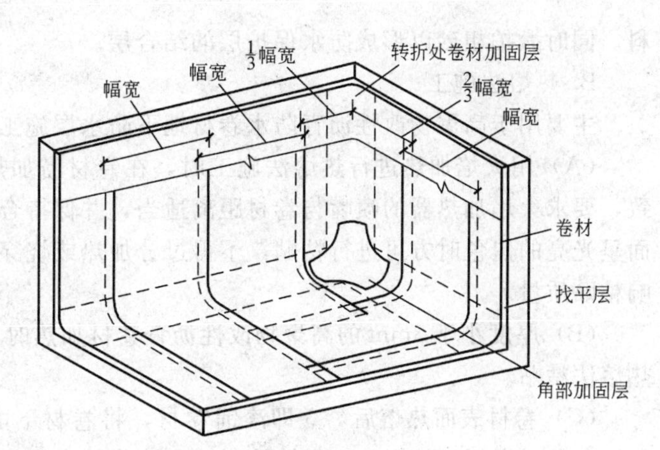

图 4-3　阴角的加固层和第一层油毡铺贴方法

阳角（三面角）的第一层油毡铺贴方法如图 4-5 所示。

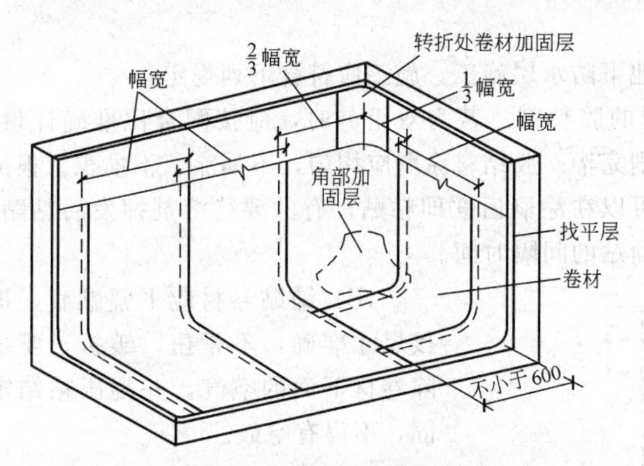

图 4-4　阴角的加固层和第二层油毡铺贴方法

6）铺贴卷材操作方法

A. 热玛琋脂粘贴法施工

主要用于传统卷材或厚度小于 3mm 的高聚物改性沥青防水卷材，进行地下防水层施工时应注意如下几点：

（A）粘贴卷材的沥青胶结材料的厚度一般为 1.5～2.5mm。

（B）粘贴卷材时应展平压实。卷材与基层和各层卷材间必须粘结紧密，多余的沥青胶结材料应挤出，搭接缝必须用沥青胶结料仔细封严。最后一层卷材贴好后，应在其表面上均匀地涂刷一层厚度为 1～1.5mm 的热沥青胶结材

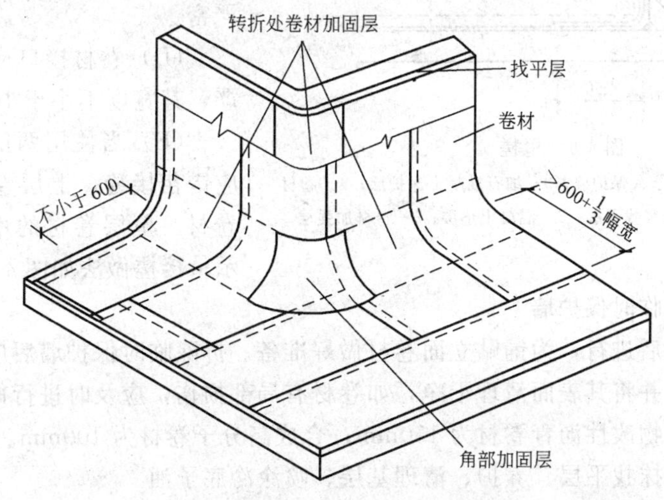

图 4-5　阳角的第一层油毡铺贴法

料。同时撒拍粗砂以形成防水保护层的结合层。

B. 热熔法施工

主要用于高聚物改性沥青防水卷材地下防水层施工。施工操作应注意如下几点：

(A) 用火焰加热进行热熔法施工时，在卷材需加热的幅宽范围内，必须加热均匀一致，要求火焰加热器的喷嘴与卷材距离适当，并保持合适的移动速度，加热至卷材的粘贴面呈光亮的黑色时方可进行粘贴，不得过分加热或烧穿卷材。加热不够或过度加热都会影响粘贴质量。

(B) 厚度小于3mm的高聚物改性沥青卷材加热时容易把增强胎体烧穿，因此，禁用热熔法粘贴。

(C) 卷材表面热熔后，立即滚铺卷材，将卷材下的空气排除，并使位置平直，不裂不扭，及时辊压。粘压应在至接缝边溢出溶化的高聚物沥青胶，使粘结严密，牢固。

(D) 铺贴好的卷材应平整顺直、搭接和错缝均需符合要求，粘结牢固，无空鼓、翘边、皱折等情况。

C. 冷粘法施工

主要用于大部分合成高分子卷材地下防水层施工。施工应符合下列规定：

(A) 必须采用与卷材性能相匹配的胶粘剂。若为双组分时，应按配合比准确计量、搅拌均匀，在规定的可操作时间内涂刷完毕。胶结料涂刷应均匀，不漏涂、不堆积。根据胶粘剂的性能和施工环境要求，有的可以在涂刷后立即粘贴，有的要待溶剂挥发后粘贴。因此，必须控制好胶粘剂涂刷与卷材铺贴的间隔时间。

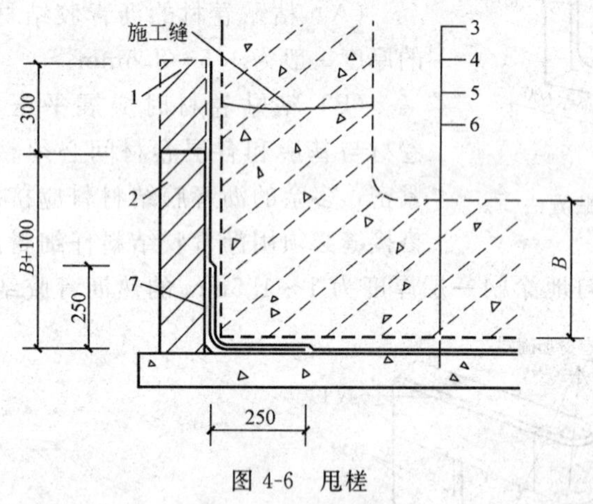

图 4-6 甩槎

1—临时保护墙；2—永久保护墙；3—细石混凝土保护层；4—卷材防水层；5—水泥砂浆找平层；6—混凝土垫层；7—卷材加强层

(B) 铺贴卷材应平整顺直，搭接尺寸准确，不歪扭、皱折，要排除卷材下面的空气，并辊压粘结牢固，不得有空鼓。

(C) 满贴的卷材，必须均匀涂满胶粘剂，在辊压过程中有胶粘剂溢出，以保证卷材粘结牢固，封口严密。

(D) 卷材接口应用密封材料封严，其宽度不小于10mm。

(E) 当使用两层卷材时，卷材应错茬接缝，上层卷材应盖过下层卷材。单层卷材的甩槎如图4-6所示；接槎做法如图4-7所示。

(8) 拆除根部临时保护墙

主体结构完成后进行，为铺贴立面卷材做好准备。拆除临时保护墙后应先将接槎部位的各层卷材揭开，并将其表面清理干净，如卷材有局部损伤，应及时进行修补。卷材接槎的搭接长度，高聚物改性沥青卷材为150mm；合成高分子卷材为100mm。

(9) 结构立面抹找平层、养护、清理基层、喷涂冷底子油

操作同前 (3)～(6)。

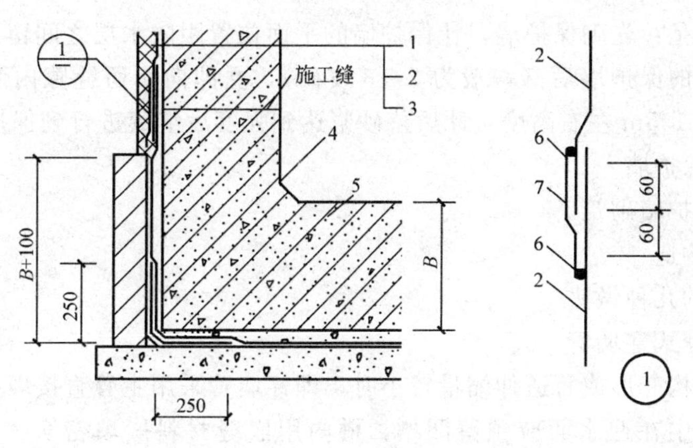

图 4-7　接槎

1—结构墙体；2—卷材防水层；3—卷材保护层；4—卷材加强层；5—结构底板；6—密封材料；7—盖缝条

（10）铺贴立面防水层

即将立面底根部临时保护墙处的防水层，根据结构施工缝高度由外防内贴改为外防外贴卷材。

接槎部位先做的卷材应留出搭接长度；临时保护墙处的接槎也要预先修复好。铺贴立面卷材防水层时应分层接槎，传统卷材外防水错槎处接缝如图 4-8 所示。

新型卷材接缝必须粘贴封严，接缝口应用材性相容的密封材料封严，宽度不应小于 10mm，如图 4-7①所示。

铺贴立面时应先铺转角，后铺大面。

铺贴立面卷材防水层时，应采取防止卷材下滑的措施。

垂直面各层卷材的铺贴　应有一定的间隔时间，以防铺贴卷材时下滑。

立面铺贴卷材之前宜使基层表面干燥，喷冷底子油两道，干燥后即可铺贴。铺贴立面卷材防水层的做法要求如下：

立面铺贴的卷材必须经验收且合格后再作保护墙。

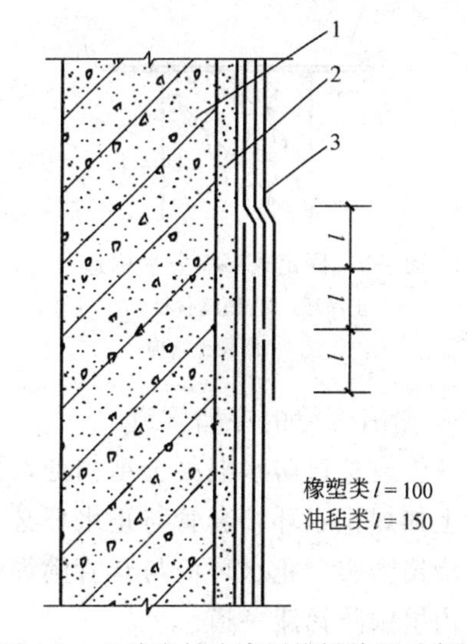

图 4-8　立墙卷材防水层错槎接缝示意图

1—围护结构；2—找平层；3—卷材防水层

卷材防水层铺完后，应按规范或设计要求做水泥砂浆或混凝土保护层。

（11）做防水层保护层

外防内贴卷材防水层表面应做保护层：在平面上，卷材面做细石混凝土保护层厚度为 30～50mm；在立面上，抹 1∶3 水泥砂浆保护层，10～20mm 厚。

先做立面防水层后做立面防水层的保护层时，在防水层上直接抹水泥砂浆不能粘牢，此处的保护层做法有如下两种：

一种做法是：在立面上应在涂刷防水层最后一层沥青胶结材料时，粘上干净的粗砂，待冷却后，抹一层 10～20mm 厚的 1∶3 水泥砂浆保护层。

另一种做法是：先砌保护墙，让保护墙的平面位置距防水层之间留出保护层的厚度尺寸；砌一段高度的保护墙后（一般为 2～3 皮砖），立即向所留缝隙内灌满、灌实水泥砂浆，如此重复至 1.5m 左右高度，此后待砂浆达到强度后继续进行到保护层所需高度。

（12）砌筑保护墙

同永久性保护墙砌筑。

（13）细部构造

1）穿墙管的几种做法

A. 主管直埋式穿墙管

主要用于结构变形或管道伸缩量较小时。即穿墙管采用主管直接埋入混凝土内的固定式防水法，施工中在迎水面应预留凹槽，槽内用嵌缝材料嵌填密实。如图 4-9、图 4-10 所示。

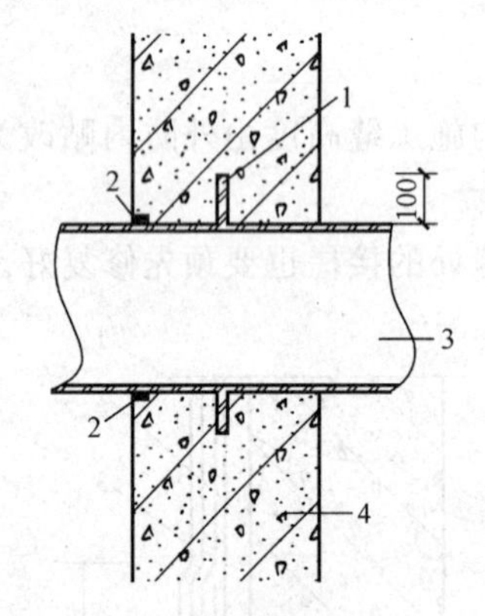

图 4-9 固定式穿墙防水构造（一）
1—止水环；2—嵌缝材料；3—主管；4—混凝土结构

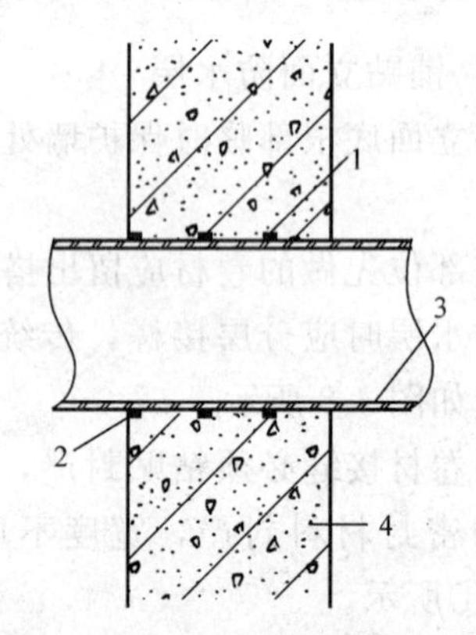

图 4-10 固定式穿墙防水构造（二）
1—遇水膨胀橡胶圈；2—嵌缝材料；3—主管；4—混凝土结构

B. 带有套管的穿墙管道

在管道穿过防水混凝土结构处，预埋套管，防水套管的刚性或柔性做法由设计选定，套管上加焊止水环，套管与止水环必须一次浇固于混凝土结构内，且与套管相接的混凝土必须浇捣密实。止水环应与套管满焊严密，止水环数量按设计规定。套管部分加工完成后在其内壁刷防锈漆一道。

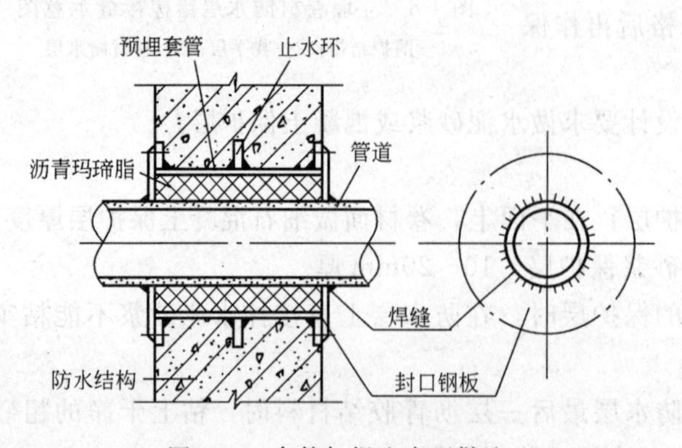

图 4-11 套管加焊止水环做法

安装穿墙管道时，对于刚性防水套管，先将管道穿过预埋套管，按图将位置尺寸找准，予以临时固定，然后一端以封口钢板将套管及穿墙管焊牢，再从另一端将套管与穿墙管之间的缝隙用防水材料（防水油膏、沥青玛琋脂等）填满后，用封口钢板封堵严密，此做法称为套管加焊止水环做法，如图 4-11 所示。

结构变形或管道伸缩量较大或有更换要求时，应采用另外一种套管式防水法，套管式穿墙管防水构造如图 4-12 所示。

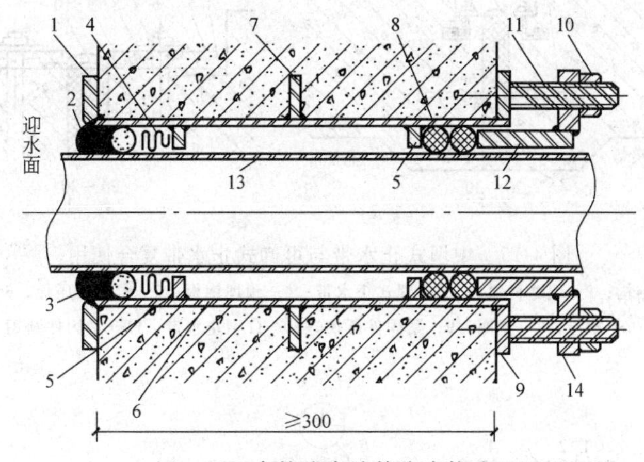

图 4-12 套管式穿墙管防水构造

1—翼环；2—嵌缝材料；3—背衬材料；4—填缝材料；5—挡圈；6—套管；7—止水环；8—橡胶圈；9—翼盘；10—螺母；11—双头螺栓；12—短管；13—主管；14—法兰盘

2）变形缝防水构造作法

A. 立面墙体采用中埋式橡胶或塑料止水带的防水构造有如下几种：

（A）中埋式止水带与外贴防水层复合使用如图 4-13 所示。

（B）中埋式止水带与遇水膨胀橡胶条、嵌缝材料复合使用如图 4-14 所示。

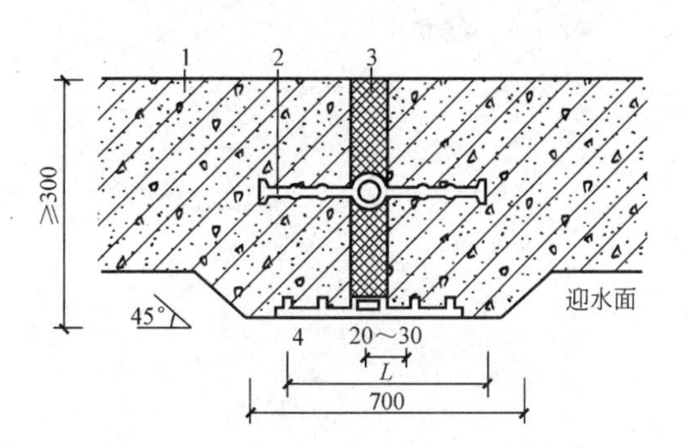

图 4-13 中埋式止水带与外贴防水层复合使用

外贴式止水带 $L \geqslant 300$ 外贴防水卷材 $L \geqslant 400$

外涂防水涂层 $L \geqslant 400$

1—混凝土结构；2—中埋式止水带；3—填缝材料；4—外贴防水层

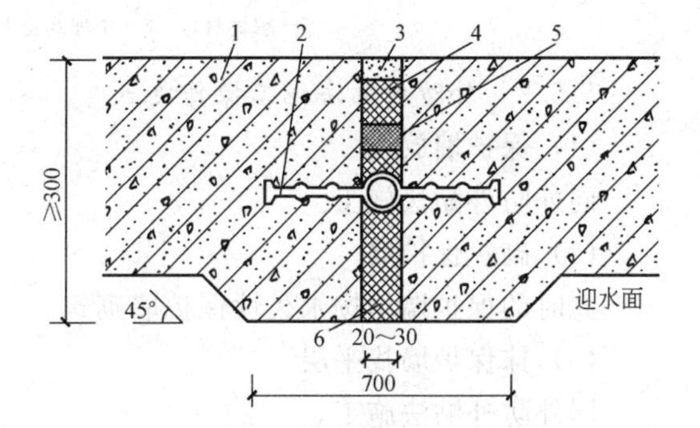

图 4-14 中埋式止水带与遇水膨胀橡胶条、嵌缝材料复合使用

1—混凝土结构；2—中埋式止水带；3—嵌缝材料；4—背衬材料；5—遇水膨胀橡胶条；6—填缝材料

（C）中埋式止水带与可卸式止水带复合使用如图 4-15 所示。

B. 顶板、底板混凝土结构采用中埋式止水带的防水构造及固定方法

止水带应妥善固定，顶、底板内止水带应成盆状安设。止水带宜采用专用钢筋套或扁钢固定。采用扁钢固定时，止水带端部应先用扁钢夹紧，并将扁钢与结构内钢筋焊牢。固定扁钢用的螺栓间距宜为 500mm，如图 4-16 所示。

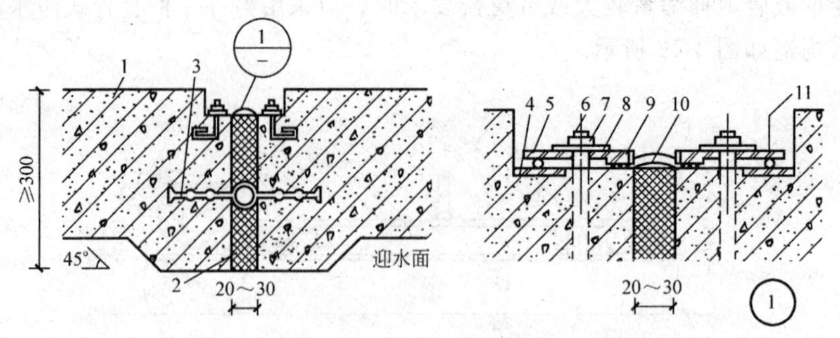

图 4-15　中埋式止水带与可卸式止水带复合使用

1—混凝土结构；2—填缝材料；3—中埋式止水带；4—预埋钢板；5—紧固件压板；6—预埋螺栓；7—螺母；8—垫圈；9—紧固件压块；10—Ω 型止水带；11—紧固件圆钢

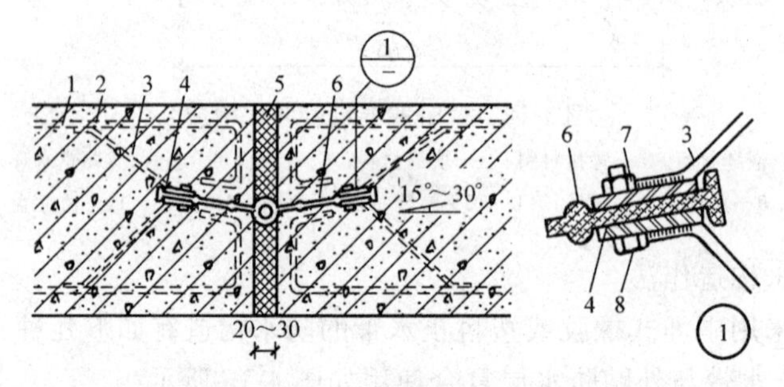

图 4-16　顶（底）板中埋式止水带的固定

1—结构主筋；2—混凝土结构；3—固定用钢筋；4—固定止水带用扁钢；5—填缝材料；6—中埋式止水带；7—垫圈；8—双头螺杆

1.6.2　外防内贴法施工操作要点

(1) 保护墙放线

同外防外贴法施工。

(2) 砌筑保护墙

此时的保护墙均按永久性保护墙砌筑。

(3) 抹保护墙找平层

同外防外贴法施工。

(4) 抹垫层找平层

同外防外贴法施工。

(5) 养护

同外防外贴法施工。

(6) 清理

同外防外贴法施工。

(7) 涂刷处理剂

同外防外贴法施工。

(8) 铺贴附加卷材层

同外防外贴法施工。

(9) 铺立面防水层

同外防外贴法施工。

(10) 铺贴平面防水层

同外防外贴法施工。

(11) 做防水层保护层

防水层的保护层做完后，再进行结构底板、墙体浇筑施工。

1.7 成品保护及劳动安全、环保技术措施

1.7.1 成品保护措施

(1) 卷材运输及保管时平放不得高于4层，不得横放、斜放，应避免雨淋、日晒、受潮。

(2) 地下卷材防水层部位预埋的管道不得碰损变位和堵塞杂物。

(3) 采用外防外贴法墙角留槎的卷材要妥善保护，防止断裂和损伤，并及时砌好保护墙。采用外防内贴防水层，在地下防水结构施工前贴在永久性保护墙上，在防水铺完后，应按设计和规范要求及时做好保护层。

(4) 卷材平面防水层施工中和完成后，不得在防水层上放置材料或防水层用作施工运输车道。

(5) 施工人员进入施工现场必须穿软底鞋，不得穿硬底或带钉子的鞋。

(6) 在用运送混凝土的小车运送细石混凝土或水泥砂浆进行保护层的施工时，小车的铁脚必须用旧胶皮车胎或橡胶制品裹垫捆绑牢固，严防铁脚损坏防水层。

1.7.2 劳动安全、环保技术措施

(1) 防水施工所用的材料属易燃物质，贮存、运输、保管和施工现场必须严禁烟火，通风良好，还必须配备相应的消防器材。

(2) 现场施工必须戴好安全帽、口罩、手套等防护用品，热熔施工时必须戴墨镜，并防止烫伤和预防职业中毒。施工现场应保持通风良好。

(3) 使用热沥青时操作要精神集中，防止发生烫伤。

(4) 所用施工工具在每次施工结束后，应及时用有机溶剂清洗干净，以备重复使用。

(5) 施工过程中做好基坑和地下结构的临边防护，防止出现坠落事故。

(6) 高温天气施工，要有防暑降温措施。

(7) 施工中废弃物质要及时清理，外运至指定地点，避免污染环境。

1.8 质量检验标准

卷材防水层的施工质量检验数量应按铺贴面积每100m² 抽查一处，每处10m² 且不得少于三处。

1.8.1 主控项目

(1) 卷材防水层所用卷材及其配套材料，必须符合设计要求。

检验方法：检查出厂合格证，质量检验报告，现场抽样复验报告。

(2) 卷材防水层在收头处、转角处、变形缝、穿墙管道等细部构造必须符合设计

构造要求。

检验方法：观察检查获检查隐蔽工程验收记录。

1.8.2 一般项目

(1) 卷材防水层的基层应坚实，表面应洁净、平整，不得有空鼓、松动、起砂或脱皮现象。基层阴阴角应做成圆弧形。

检验方法：观察检查和检查隐蔽记录。

(2) 卷材防水层的搭接缝应粘（焊）结牢固，密封严密，不得有皱折、翘边和鼓泡等缺陷；防水层的收头应与基层粘结并固定牢固，缝口封严，不得翘边。

检验方法：观察检查。

(3) 侧墙卷材防水层的保护层应与防水层粘结牢固。结合紧密，厚度均匀一致。

检验方法：观察检查。

(4) 卷材的铺贴方法应正确，卷材搭接宽度的允许偏差为－10mm。

检验方法：观察和尺量检查。

课题 2 地下工程涂膜防水施工

2.1 构造详图及营造做法说明

地下工程防水层大部分位于最高地下水位以下，长年处于潮湿环境中，用涂膜作防水层时，宜采用中、高档防水材料，如合成高分子防水涂料，高聚物改性沥青防水涂料等，不得采用乳化沥青类防水涂料。如采用高聚物改性沥青防水涂膜作防水层时，为增强涂膜强度，宜夹铺胎体增强材料，进行多布多涂防水施工。

防水涂料可采用外防外涂、外防内涂两种做法。

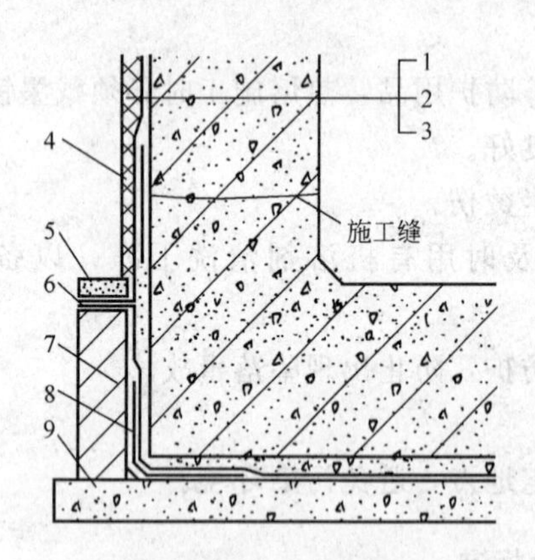

图 4-17 防水涂料外防外涂做法

1—结构墙体；2—涂料防水层；3—涂料保护层；4—涂料防水加强层；5—涂料防水层搭接部位保护层；6—涂料防水层搭接部位；7—永久保护墙；8—涂料防水加强层；9—混凝土垫层

"外防外涂法"施工工艺过程如下：用"二四"砖在待浇筑的结构墙体外侧的垫层上砌筑一道 1m（即高度大于底板厚度尺寸＋100mm）左右的永久性保护墙体，连同垫层一起抹补偿收缩防水砂浆找平层，然后在平面和保护墙体上完成涂膜施工，待主体结构浇筑完后，再在结构墙体外侧完成涂膜施工，其防水构造如图 4-17 所示。

"外防内涂法"施工工艺过程如下：根据图纸尺寸，按砌筑要求用"二四"砖在待浇筑的结构墙体外侧的垫层上砌筑一道永久性保护墙体，连同垫层一起抹补偿收缩防水砂浆找平层，然后在平面和保护墙体上完成防水涂膜施工，最后做好防水层的保护层，之后就可以进行结构墙体浇筑施工了。其防水构造如图 4-18 所示。

2.2 作业条件

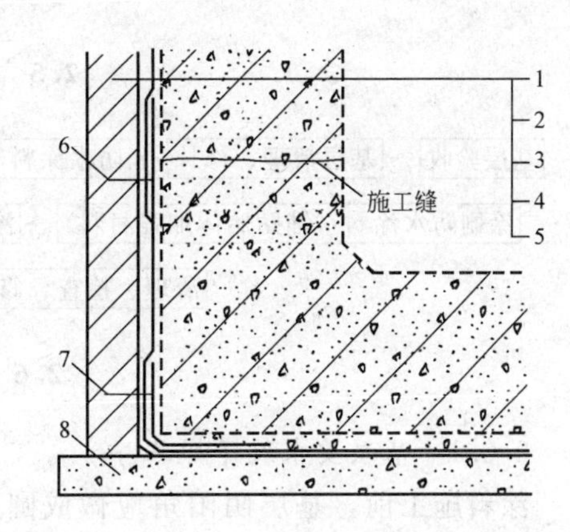

图 4-18 防水涂料外防内涂做法

1—结构墙体；2—砂浆保护层；3—涂料防水层；4—砂浆找平层；5—保护墙；6—涂料防水加强层；7—涂料防水加强层；8—混凝土垫层

(1) 上道工序防水基层已经完工，并通过验收。

(2) 地下结构基层表面应平整、牢固、不得有起砂、空鼓等缺陷。

(3) 基层表面应洁净干燥，含水不应大于9%。

(4) 防水涂料严禁在雨天、雪天、雾天施工，五级风及其以上时不得施工。

(5) 预计涂膜固化前有雨时不得施工，施工中遇雨应采取遮盖保护措施。

(6) 严冬季节施工气温不得低于5℃。

(7) 溶剂型高聚物改性沥青防水涂料和合成高分子防水涂料的施工环境温度宜为－5～35℃；水乳型防水涂料的施工温度必须符合规范规定要求，施工环境温度宜为5～35℃。

2.3 施工材料及其要求

(1) 涂料防水层所选用的涂料应符合下列规定：

1) 具有良好的耐水性、耐久性、耐腐蚀性及耐菌性；

2) 无毒、难燃、低污染；

3) 无机防水涂料应具有良好的湿干粘结性、耐磨性和抗刺穿性；有机防水涂料应具有较好的延伸性及较大适应基层变形能力。

(2) 防水涂料及所需的材料必须具有产品说明书，试验报告，并需经抽样复验。

(3) 无机防水涂料的性能指标应符合表4-7的规定，同时须经试验检验。

有机防水涂料的性能指标 表4-7

涂料种类	可操作时间(min)	潮湿基面粘结强度(MPa)	抗渗性(MPa)			浸水168h后拉伸强度(MPa)	浸水168h后断裂伸长率(%)	耐水性(%)	表干(h)	实干(h)
			涂膜(30min)	砂浆迎水面	砂浆背水面					
反应型	≥20	≥0.3	≥0.3	≥0.6	≥0.2	≥1.65	≥300	≥80	≤8	≤24
水乳型	≥50	≥0.2	≥0.3	≥0.6	≥0.2	≥0.5	≥350	≥80	≤4	≤12
聚合物水泥	≥30	≥0.6	≥0.3	≥0.8	≥0.6	≥1.5	≥80	≥80	≤4	≤12

涂膜防水施工材料品种及其要求同单元3·课题2·2.3：施工材料及其要求中的内容。

2.4 施工工具及其使用

涂膜防水施工的主要机具及其使用同单元3·课题2·2.4：施工工具及其使用中的内容。

施工中的每次操作结束后，对反应型、溶剂型防水涂料的施工用机具应及时用相应的有机溶剂清洗干净，水乳型防水涂料的施工机具用洁净软水清洗干净，以便重复使用。

2.5 操作工艺流程

基层验收→基层清理、修补→防水涂料准备→喷（涂）基层处理剂→特殊部位加强处理→涂刷防水涂料（铺贴胎体加强材料）→涂刷防水涂料至规定厚度→收头处理、节点密封→清理、检查、修整→保护层施工→验收

2.6 操作要点

2.6.1 基层要求及干燥程序

涂料施工前，基层阴阳角应做成圆弧形，阴角直径宜大于50mm，如图4-19所示；阳角直径宜大于10mm，如图4-20所示。

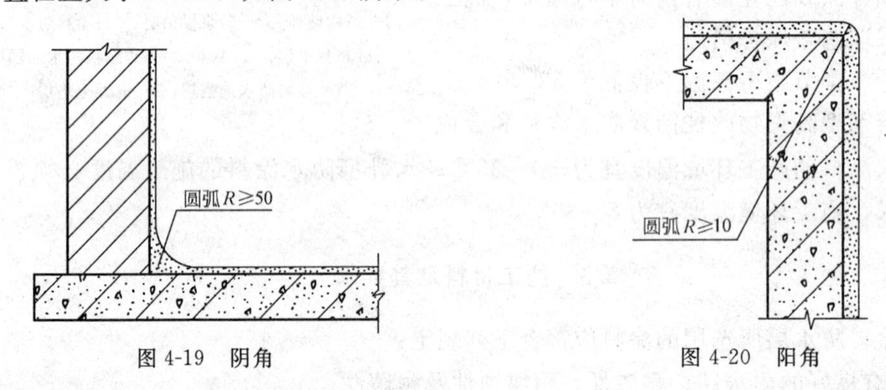

图4-19 阴角　　图4-20 阳角

基层的检查、清理、修整应符合要求。基层的干燥程度应视涂料特性而定，为水乳型时，基层干燥程度可适当放宽；为溶剂型时，基层必须干燥。

2.6.2 防水涂料使用前的准备工作

(1) 材料相容性确认

涂料及配套材料为同一系列产品具有相容性。

(2) 防水涂料的配料及搅拌

采用双组分涂料时，每份涂料在配料前必须先搅匀。配料应根据材料生产厂家提供的配合比现场配制，严禁任意改变配合比。配料时要求计量准确（过秤），主剂和固化剂的混合偏差不得大于5%。

涂料的搅拌配料先放入搅拌容器或电动搅拌筒内，然后放入固化剂，并立即开始搅拌。搅拌筒应选用圆的铁桶，以便搅拌均匀。采用人工搅拌时，要注意将材料上下、前后、左右及各个角落都充分搅匀，搅拌时间一般在3～5min。各组分的容器、搅拌棒，取料勺等不得混用，以免产生凝胶。

掺入固化剂的材料应在规定时间使用完毕。

搅拌的混合料以颜色均匀一致为标准。

(3) 涂层厚度控制试验

涂膜防水施工前，必须根据设计要求的涂膜厚度及涂料的含固量确定（计算）每平方米涂料用量及每道涂刷的用量以及需要涂刷的遍数。如“一布涂”，即先涂底层，铺加胎体增强材料，再涂面层，施工时就要按试验用量，每道涂层分几遍涂刷，而且面层最少应

涂刷2遍以上。合成高分子涂料还要保证涂层达到1mm厚才可铺设胎体增强材料，以有效地、准确地控制涂膜层厚度，从而保证施工质量。

(4) 涂刷间隔时间实验

涂刷防水涂料前必须根据其表干和实干时间确定每遍涂刷的涂料用量和间隔时间。

2.6.3 喷涂（刷）基层处理剂

涂（刷）基层处理剂时，应用刷子用力薄涂，使涂料尽量刷进基层表面毛细孔中，并将基层可能留下的少量灰尘等无机杂质，像填充料一样混入基层处理剂中，使之与基层牢固结合。

2.6.4 特殊部位加强处理

涂料施工前应先对阴阳角、底板、预埋件、穿墙管等部位进行密封或加强处理，即增设一层胎体材料，一般用无纺布，并增刷2～4遍防水涂料。

阴、阳角、底板的加强处理如图4-21所示。穿墙管、预埋件的加强处理参考单元4·课题1·1.6·(13)：细部构造中的内容。

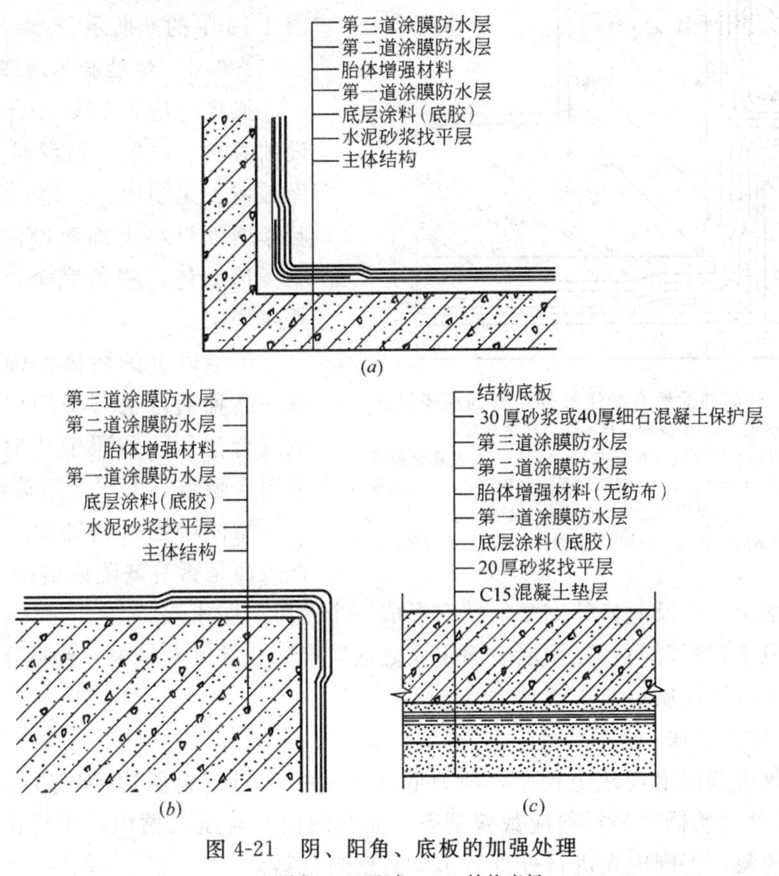

图4-21 阴、阳角、底板的加强处理

(a) 阴角；(b) 阳角；(c) 结构底板

2.6.5 涂刷防水涂料

涂料涂布（刷）可采用棕刷、长柄刷、橡胶刮板、圆滚刷等进行人工涂布，也可采用机械喷涂。涂布立面最好采用蘸涂法，涂刷应均匀一致。涂刷平面部位倒料时要注意控制涂料的均匀倒洒，避免造成涂料难以刷开、厚薄不匀现象。前一遍涂层干燥后应将涂层上的灰尘、杂质清理干净后再进行后一遍涂层的涂刷。

每层涂料涂布应分条进行，分条进行时，每条宽度应与胎体增强材料宽度相一致，涂料与基层必须粘贴牢固。每次涂布前，应严格检查前遍涂层的缺陷和问题，一经发现出现有强度不足引起的裂缝，应立即进行修补后，凹凸处也应修理平整，方可再涂布后遍涂层。

涂膜应根据材料特点，分层涂刷至规定厚度，每次涂刷应控制准厚度，不可过厚，在涂刷层干燥后，方可进行上一层涂刷，每层的接槎（搭接）应错开，接槎宽度 30～50mm，上下两层涂膜的涂刷方向要交替改变。涂料涂刷应全面、严密。

地下工程结构有高低差时，在平面上的涂刷应按“先高后低，先远后近”的原则涂刷。立面则由上而下，先转角及特殊应加强部位，再涂大面。

涂料防水层的施工缝（甩槎）应注意保护，搭接缝宽度应大于 100mm，接涂前应将接槎处表面处理干净。外防外涂法有胎体加强材料的涂膜接槎如图 4-22 所示。

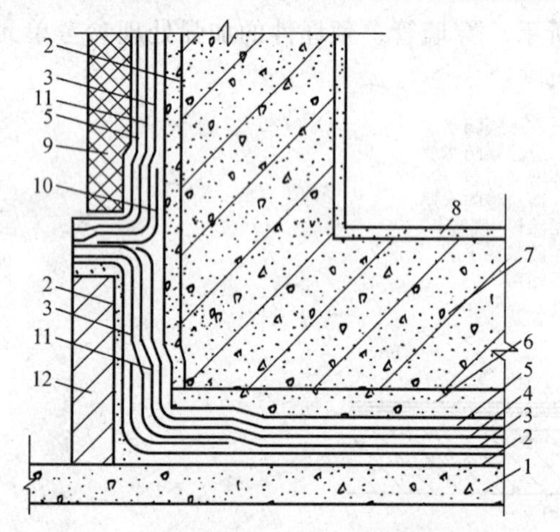

图 4-22　外防外涂法有胎体加强材料的涂膜接槎
1—混凝土垫层；2—水泥砂浆找平层（掺微膨胀剂）；3—基层处理剂；4—平面涂膜（共需刷 3～5 遍）；5—油毡保护层；6—细石混凝土保护层；7—钢筋混凝土结构层；8—水泥砂浆面层；9—40mm 厚聚苯乙烯泡沫塑料保护层；10—胎体增强材料；11—立面涂膜（共需刷 5～8 遍）；12—永久性保护墙体

在结构墙体的施工缝处应设涂料防水层的加强层，如图 4-17 中的 4 和图 4-18 中的 6 所示。

2.6.6　铺贴胎体增强材料

操作时应控制好胎体增强材料铺设的时机、位置，铺设时要做到平整、无皱折、无翘边、无露白，搭接准确；胎体增强材料上面涂刷涂料时，涂料应浸透胎体，覆盖完全，不得有胎体外露现象。

两层以上的胎体增强材料可以是单一品种的，也可采用玻纤布和聚酯毡混合使用。如果混用时，一般下层采用聚酯毡，上层采用玻纤布。

胎体增强材料铺设后，应严格检查表面是否有缺陷或搭接不足等现象。如发现上述情况，应及时修补完整，使它形成一个完整的防水层。

操作时应掌握好时间，在涂层表面干燥之前，应完成纤维布铺贴，涂膜干燥后，再进行纤维布以上涂层涂刷。

2.6.7　收头处理

为防止收头部位出现翘边现象，所有收头均应由密封材料压边，压边宽度不得小于 10mm。收头处的胎体增强材料应裁剪整齐，如有凹槽时应压入槽内，不得出现翘边、皱折、露白等现象，否则应先进行处理后再涂封密封材料。

2.6.8　涂膜保护层施工

涂膜施工完毕经检查合格后，应立即进行保护层的施工，及时保护防水层免受损伤。保护层材料的选择应根据设计要求及所用防水涂料的特性而定。

在平面部位的防水涂层，应经一定自然养护期后方可上人行走或作业。

外防外涂法施工时，侧墙迎水面可铺贴聚苯乙烯泡沫塑料保护层，然后再在聚苯乙烯泡沫塑料保护层外回填“二八”灰土。

2.7 成品保护及劳动安全、环保技术措施

2.7.1 成品保护措施

(1) 在防水层施工前，应将穿过防水层的管道、设备及预埋件安装完毕。凿孔打洞或重物冲击都会破坏防水层的整体性，从而易导致渗漏。

(2) 有机防水涂料施工完成后应及时做好保护层，保护层应符合下列规定：

1) 底板、顶板应采用 20mm 厚 1∶2.5 水泥砂浆层和 40～50mm 厚的细石混凝土保护，顶板防水层与保护层之间宜设置隔离剂。

2) 侧墙背水面采用 20mm 厚 1∶2.5 水泥砂浆层保护。

3) 侧墙迎水面宜选用软保护层或 20mm 厚 1∶2.5 水泥砂浆层保护。

2.7.2 劳动安全、环保技术措施

(1) 施工现场应通风良好，在通风差的地下室作业，应有通风措施。

(2) 操作人员每操作 1～2h 应到室外休息 10～15min。

(3) 现场操作人员应戴防护物套，避免污染皮肤或烫伤。

(4) 涂料应达到保护环境要求，应选用符合环保要求的溶剂。配料和施工现场应有安全及防火措施，所有施工人员都必须严格遵守操作要求。

(5) 着重强调临边安全，防止抛物和滑坡。

(6) 高温天气施工，须做好防暑降温措施。

(7) 涂料在贮存，使用全过程应注意防火，并应配备化学灭火器材。

(8) 清扫及砂浆拌合过程要避免灰尘飞扬。

(9) 施工中生成的建筑垃圾要及时清理、清运。

2.8 质量检验标准

涂料防水层的抽查数量应按涂层面积每 100m² 抽查 1 处，每处 10m²，且不得少于 3 处。

2.8.1 主控项目

(1) 涂料防水层所用材料及配合比必须符合设计要求。

检验方法：检查出厂合格证、质量检验报告、计量措施和现场抽样报告。

(2) 涂料防水层及其转角处、变形缝、穿墙管道等细部做法均须符合设计要求。

检验方法：观察检查和检查隐蔽工程的记录。

2.8.2 一般项目

(1) 涂料防水层的基层应牢固，基层表面应洁净、平整，不得有空鼓、松动、起砂和脱皮现象，基层的阴阳角应做成圆弧形。

检验方法：观察检查和检查隐蔽工程验收记录。

(2) 涂料防水层的平均厚度应符合设计要求，最小厚度不得小于设计厚度的 80%。

检验方法：针测法或割取 20mm×20mm 实样用卡尺测。

(3) 涂料防水层与基层应粘结牢固，表面平整，涂刷均匀，不得有流淌、皱折、鼓泡、露胎体和翘边等缺陷。

检验方法：观察检查。

(4) 侧墙涂料防水层的保护层与防水层粘结牢固，结合紧密，厚度均匀一致。

检验方法：观察检查。

实训课题1　热熔法铺贴立面防水层

一、材料

准备SBS改性沥青或APP改性沥青防水卷材，基层处理剂（氯丁胶粘剂的稀释液）。

二、工具

喷灯或可燃性气体焰具，铁抹子，油漆刷，滚动刷，长把滚动刷，钢盒尺，剪刀，扫帚，小线等。

三、操作内容

1. 操作项目：热熔法铺贴立面防水层。考核可与施工生产相结合，在适合的施工部位进行，防水构造做法以设计为准。

2. 数量：每人$1m^2$，持焰具热熔卷材和滚铺卷材有二人互换。

四、操作内容及要求

1. 清理基层：要求将操作面上的尘土、杂物清扫干净；

2. 涂刷基层处理剂：操作前及过程中要搅拌均匀，涂刷要均匀一致，操作要迅速，一次涂好，无漏底；

3. 裁剪卷材：尺寸与铺贴的构造相适宜；

4. 点燃喷灯：点燃焰具的操作程序安全、合理，火焰调节适宜；

5. 铺贴卷材：持焰具位置满足要求，往返加热均匀，确认卷材表面熔化符合要求，滚铺卷材粘贴密实不存空气；

6. 封边操作：使用压辊将卷材压平，将挤出的沿边油刮平，并用密封材料封严。

五、安全注意事项

同单元4·课题1中的相关内容。

六、考核内容及评分标准

热熔法铺贴立面防水层的操作评定见表4-8。

《热熔法铺贴立面防水层》操作评定表　　**表4-8**

序号	测定项目	分项内容	满分	评定标准	检测点					得分
					1	2	3	4	5	
1	基层清理	过程和操作质量	10	表面无尘土、砂粒或潮湿处 一处不合格扣2分						
2	刷基层处理剂	过程和操作质量	10	及时搅拌，涂层均匀无漏底 一点不合格扣2分						
3	裁剪卷材	过程和合理用料情况	10	尺寸与铺贴的构造相适宜 一处不合格扣2分						
4	点燃喷灯	过程和操作质量	14	安全、合理，火焰调节适宜 一步不符合要求扣2～4分						
5	铺贴卷材	过程和操作质量	20	持焰具位置、往返加热达标，确认卷材表面熔化、滚铺卷材粘贴密实 一处不符合要求扣2～4分						
6	封边操作	过程和操作质量	16	卷材压平、沿边油刮平、密封材料封严 一处不合格扣2～4分						
7	综合操作能力表现及渗漏结果	符合操作规范	10	失误无分，部分一次错扣1分						
8	安全文明施工	安全生产、落手清	4	重大事故本次实习不合格，一般事故扣4分，事故苗子扣2分；落手清未做无分，不清扣2分						
9	工效	定额时间	6	开始时间：　结束时间：　用时：　酌情扣分						

姓名：　　学号　日期：　教师签字：　　总分：

实训课题2　施涂三面阴角“一布二涂的附加增强层”

一、材料

准备水乳型SBS改性沥青防水涂料、柴油适量、玻璃纤维布。

二、工具

扫帚，钢丝刷，皮老虎，铁桶、溶剂桶，油壶，油漆刷，藤刷，铁皮刮板，胶皮刮板，滚动刷等。

三、操作项目、数量

1. 操作项目：三面阴角“一布二涂的附加增强层”。

2. 数量：1处，三面阴角操作工位如图4-23所示。

四、操作内容及要求

1. 清理基层：要求将操作面上的尘土、杂物清扫干净，并检查、修补达标；

2. 配制并涂刷基层处理剂：先涂刷边角、再涂刷大面，要求涂刷均匀无漏底；

3. 裁剪玻璃纤维布：尺寸与铺贴的构造相适宜；

4. 涂刷第一层涂膜：每道涂刷两遍，涂层无气孔、气泡等缺陷，涂层平整，厚薄适宜；

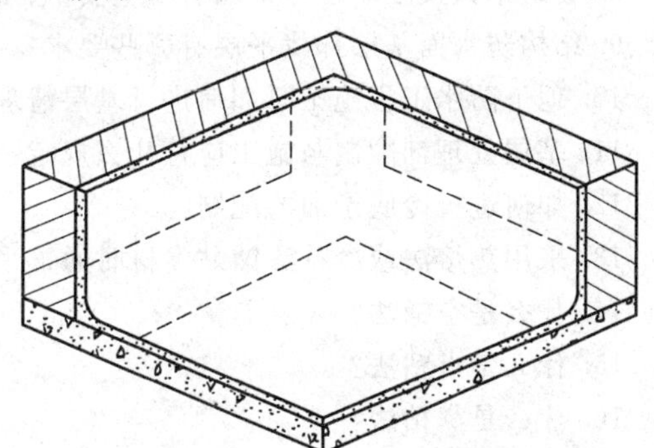

图4-23　三面阴角操作工位

5. 边铺设胎体增强材料边涂刷第二层涂膜：涂料浸透胎体，胎体平展，无褶皱，胎体不外露。

五、安全注意事项

同单元4·课题2中的相关内容。

六、考核内容及评分标准

三面阴角“一布二涂的附加增强层”操作评定见表4-9。

《三面阴角“一布二涂的附加增强层”》操作评定表　　表4-9

序号	测定项目	分项内容	满分	评定标准	检测点					得分
					1	2	3	4	5	
1	基层清理	过程和操作质量	10	无尘土、杂物并检查、修补达标 一处不合格扣2分						
2	配制并涂刷基层处理剂	过程和操作质量	10	配制达标；先刷边角、再刷大面，均匀无漏底 一点不合格扣2分						
3	裁剪玻璃纤维布	过程和合理用料情况	20	尺寸与铺贴的构造相适宜 一处不合格扣4分						
4	涂刷第一层涂膜	过程和操作质量	16	每道涂刷两遍，涂层无气孔、气泡等；涂层平整，厚薄适宜 一处不符合要求扣2分						
5	边铺胎体边涂第二层涂膜	过程和操作质量	24	涂料浸透胎体，胎体平展，无褶皱，胎体不外露，无白茬 一处不符合要求扣2～4分						
6	综合操作能力表现及渗漏结果	符合规范操作要求	10	失误无分，部分一次错扣1分						
7	安全文明施工	安全生产、落手清	4	重大事故本次实习不合格，一般事故扣4分，事故苗子扣2分；落手清未做无分，不清扣2分						
8	工效	定额时间	6	开始时间：　结束时间：　用时：　酌情扣分						

姓名：　　　学号　　日期：　　　教师签字：　　　总分：

复习思考题

1. 什么是地下防水施工的外防外贴法?
2. 什么是地下防水施工的外防内贴法?
3. 地下防水施工的作业条件有哪些?
4. 玻纤胎油毡的外观质量应符合哪些要求?
5. 地下防潮、防水工程选用沥青时应考虑那些问题?
6. 外防外贴法施工工艺流程如何进行?
7. 外防内贴法施工工艺流程如何进行?
8. 砌筑永久及临时性保护墙有哪些要求? 为什么?
9. 结构防水面基层抹找平层有哪些要求?
10. 地下防水工程施工时如何进行基层清理?
11. 基层处理剂配制与施工应符什么规定?
12. 如何进行冷底子油的配制?
13. 采用热熔法或冷粘法铺贴卷材时通常采用哪几种方法?
14. 什么是空铺法?
15. 什么是点粘法?
16. 什么是满粘法?
17. 地下防水工程施工时对卷材搭接长度有哪些要求?
18. 地下防水工程施工时卷材的接缝位置要求是什么?
19. 地下防水工程施工时在转角处、阴阳角等特殊部位有什么要求?
20. 地下防水工程施工时热玛琋脂粘贴法施工应注意哪几点要求?
21. 地下防水工程施工时热熔法施工应注意哪几点要求?
22. 地下防水工程施工时冷粘法施工应符合哪些规定?
23. 什么是热焊接法?
24. 拆除根部临时保护墙如何进行?
25. 如何进行立面防水层的铺贴?
26. 防水层的保护层一般做法是什么?
27. 直接在立面防水层的卷材表面能抹水泥砂浆保护层吗? 为什么?
28. 立面防水层的保护层如何进行操作?
29. 套管加焊止水环的防水做法怎样操作?
30. 顶板、底板混凝土结构采用中埋式止水带的防水构造及固定有哪些要求?
31. 地下工程卷材防水施工的成品保护措施有哪些?
32. 地下工程卷材防水施工中的安全环保措施有哪些?
33. 地下工程卷材防水施工质量检验中的主控项目有哪些?
34. 地下工程卷材防水施工质量检验中的一般项目有哪些?
35. 地下工程涂膜防水层施工应如何选用材料?
36. 什么是地下防水外防外涂法?
37. 什么是地下防水外防内涂法?

38. 地下工程涂膜防水的作业条件有哪些？
39. 涂料防水层所选用的涂料应符合哪些规定？
40. 地下工程涂膜防水层施工时的操作工艺流程如何进行？
41. 涂膜防水层施工时对基层的要求有哪些？
42. 防水涂料使用前的准备工作有哪些？
43. 防水涂料的配料及搅拌如何进行？
44. 怎样进行喷涂（刷）基层处理剂的操作？
45. 涂刷防水涂料如何进行？
46. 如何进行铺贴胎体增强材料？
47. 如何进行收头处理？
48. 涂膜保护层施工如何进行？
49. 地下工程涂膜防水层施工的成品保护措施有哪些？
50. 地下工程涂膜防水层施工的劳动安全、环保技术措施有哪些？
51. 涂料防水层质量检验时的抽查数量如何确定？
52. 涂料防水层质量检验时的主控项目有哪些？
53. 涂料防水层质量检验时的一般项目有哪些？

单元5　楼层厕浴间及厨房间防水工程施工

知　识　点：厕浴间地面涂膜防水层构造；厕浴间地面涂膜防水层施工作业条件；涂膜防水层施工材料；涂膜防水层施工操作工艺流程；聚氨酯防水涂层操作；氯丁胶乳沥青防水涂层操作；厕浴间地面涂膜防水层细部构造操作；成品保护及劳动安全、环保技术措施和质量检验标准。

教学目标（能力要求）：掌握厕浴间地面涂膜防水层构造方法；知晓厕浴间地面涂膜防水层施工作业条件；了解涂膜防水层施工用材料；知晓涂膜防水层施工操作工艺流程；较熟悉了解聚氨酯防水涂层、氯丁胶乳沥青防水涂层、厕浴间地面涂膜防水层细部构造操作要点；知晓厕浴间地面涂膜防水施工时的成品保护及劳动安全、环保技术措施和质量检验标准。

课题　厕浴间、厨房间涂膜防水层施工

1.1　构造详图及营造做法说明

建筑物中的厕所、浴室及各种用于卫生等用水量大的房间愈来愈多，满足了人们的使用要求，但由于室内用水量大的房间的防水层施工很容易被忽视，故此类房间的渗漏给人们生活带来极大烦恼。由于防水层的失效，使得污水顺着管道、板缝渗漏下来，洇湿了顶板、墙面，造成墙皮粉化、脱落，木作装修开胶、变形，甚至造成室内装修彻底毁坏。因此，厕所、浴室间等用水量大的房间的防水层施工极为重要。

传统的厕浴间防水做法为一毡两油或两毡三油。因油毡在管道根部难以施工，防水质量也就难以保证，以致造成厕浴间的严重渗漏情况时有发生。在防水材料品种逐年增多的今天，对于管道多，工作面小，基层结构复杂等用水量大的房间，采用涂膜防水材料比用防水卷材更为适合。

涂膜防水施工是在混凝土或水泥砂浆基层上涂刷有一定厚度的无定型液态高分子合成材料，经过常温交联、固化，形成一种具有橡胶状弹性涂膜，从而具有防水功能。

涂膜防水材料在施工固化前是黏稠的液体，因此对厕浴间中任何复杂的管道、卫生器具、地漏等部位都较容易施工，收头部位也容易处理。涂膜固化后，形成没有接缝的整体防水层，有利于保证防水层的质量。另外涂膜具有较好的弹性和良好的延伸性能，它对基层开裂、变形有较强的适应性。

厕浴间地面涂膜防水层构造如图5-1所示。其构造做法如下：

1.1.1　结构层

厕浴间地面结构层一般有三种，即整体现浇钢筋混凝土板、预制整块开间钢筋混凝土板以及预制圆孔板。如设计采用预制圆孔板时，通过厕浴间的板缝用防水砂浆堵严、抹

平，表面加玻纤带一层，涂刷两道涂膜防水材料。

1.1.2 找坡层

找坡层应向地漏找2%坡度，找坡层厚度小于30mm时用混合砂浆（水泥：白灰：砂＝1：1.5：8），厚度大于30mm时用1：6水泥焦渣垫层。

1.1.3 找平层

一般为1：2.5的水泥砂浆找平层，要求抹平、压光。

1.1.4 防水层

地面防水层一般采用涂膜防水材料。热水管、暖气管应加套管，套管高度应在20～40mm。防水层施工前，应在管根处用建筑密封膏嵌严（10mm宽×15mm深）。然后再做地面防水层。四周防水层卷起高度应按设计要求，并与立墙防水层交接好。

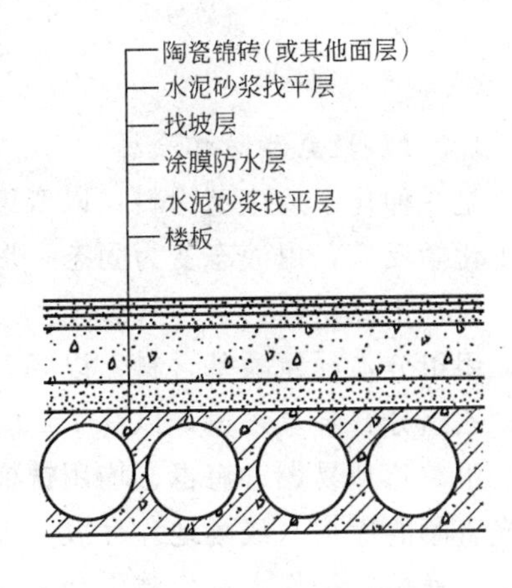

图5-1 厕浴间地面构造

1.1.5 面层

地面装饰层一般采用1：2.5的水泥砂浆抹面，要抹平、压光。高档工程可根据设计要求做地面砖、锦砖等面层。

厕浴间墙面防水可根据设计要求及隔墙材料考虑。圆孔石膏板或纸面石膏板隔墙，要求立面防水层做至1.8m高，然后甩砂、抹水泥砂浆面层或贴瓷砖装饰层。

1.2 作业条件

（1）穿过厕浴间楼板的所有立管、套管均已做完并经验收，套管周围缝隙用1：2：4豆石混凝土填塞密实（楼板底需支模板）。

（2）厕浴间地面垫层已做完，向地漏处找2%坡，厚度小于30mm时用混合灰，大于30mm厚用1：6水泥焦渣垫层。

（3）厕浴间地面找平层已做完，表面应抹平压光、坚实平整，不起砂；与墙交接处及转角均要抹成小圆角。含水率低于90%（简易检测方法：在基层表面上铺一块$1m^2$橡胶板，静置3～4h，覆盖橡胶板部位无明显水印，即视为含水率达到要求）。

（4）找平层表面各部位，应认真清理，连接件和管壁上的油污和铁锈应擦除干净，并进行防锈处理。

（5）在基层做防水涂料之前，在以下部位用建筑密封膏封严：穿过楼板的立管四周、套管与立管交接处、大便器与立管接口处、地漏上口四周等。

（6）厕浴间做防水之前必须设置足够的照明及通风设备。

（7）易燃、有毒的防水材料要各有防火设施和工作服、软底鞋。

（8）操作温度保持＋5℃以上。

（9）操作人员应经过专业培训、持上岗证，先做样板间，经检查验收合格后，方可全面施工。

（10）自然光线较差的厕浴间，应准备足够的照明装置；通风较差时，应增设通风设备。

1.3 施工材料及其要求

1.3.1 聚氨酯防水涂料

是一种化学反应型涂料，以双组分形式使用，由甲组分和乙组分按规定比例配合后，发生化学反应，由液态变为固态，形成较厚的防水涂膜。

(1) 主体材料：

甲组分：异氰酸基含料，以3.5±0.2%为宜。

乙组分：羟基含量，以0.7±0.1%为宜。

甲、乙料易燃、有毒、均用铁桶包装，贮存时应密封，进场后放在阴凉、干燥、无强日光直晒的库房（或场地）存放。施工操作时应按厂家说明的比例进行配合，操作场地要防火、通风，操作人员应戴手套、口罩、眼镜等，以防溶剂中毒。

聚氨酯防水涂料，必须经试验合格方能使用，其技术性能应符合以下要求：

固体含量：≥93%；

抗拉强度：0.6MPa以上；

延伸率：≥300%；

柔度：在-20℃绕ϕ20mm圆棒无裂纹；

耐热性：在85℃。加热5h，涂膜无流淌和集中气泡；

不透水性：动水压0.2MPa恒压1h不透水。

(2) 主要辅助材料：

1) 磷酸或苯磺酰氯：凝固过快时，作缓凝剂；掺量不得大于甲料的5%。

2) 二月桂酸二丁基锡：凝固过慢，作促凝剂用；掺量不得大于甲料的0.3%。

3) 二甲苯：清洗施工工具用。

4) 乙酸乙酯：清洗手上凝胶用。

5) 108胶：修补基层用。

6) 玻璃纤维布（幅宽90cm，14目）或无纺布。

7) 石渣：粒径2mm左右，粘结过渡层用。

8) 水泥：强度等级为32.5级以上的硅酸盐水泥、普通硅酸盐水泥或矿渣硅酸盐水泥，补基层用。

(3) 防水层构造及用料量

聚氨酯涂膜防水层的一般构造及用料量见表5-1。

聚氨酯涂膜防水层构造及用量表 **表5-1**

防水层构造	防水涂层配比	用　量
基层处理剂	甲料：乙料：二甲苯=1：1.5：1.5	0.2kg/m²
第一道涂膜	甲料：乙料=1：1.5	0.8～1.0kg/m²
第二道涂膜	甲料：乙料=1：1.5	0.8～1.0kg/m²
第三道涂膜	甲料：乙料=1：1.5	0.4～0.5kg/m²
总　计		2.5kg/m²

注：聚氨酯防水涂料的常用配合比为：甲料：乙料=1：1.5，生产厂家不同，其配合比也不一样，如有的配合比为：甲料：乙料：1：2，其具体配合比按生产厂家提供的说明书配制。

1.3.2 氯丁胶乳沥青防水涂料

系水乳型，以聚氯丁二烯乳状波与乳化石油沥青在一定条件下均匀掺合乳化后，呈深棕色涂料。

（1）氯丁胶乳沥青使用前必须试验，其技术性能应符合以下要求：

外观：深棕色乳状液；

固体含量：≥43％；

粘结强度：0.67MPa；

柔度：－10℃绕 ϕ10mm 圆棒无裂纹；

耐热性：80℃，5h 无变化；

不透水性：动水压 0.1MPa，恒压 0.5h 不透水。

（2）如设计要求加布时，为中碱涂膜玻璃丝布（幅宽 90cm，14 目）或无纺布。

1.3.3 SBS 橡胶改性沥青防水涂料

是以沥青、橡胶、合成树脂为主要原料制成的水乳型弹性沥青防水材料。在沥青中加入 SBS 以后提高了沥青的防水性和弹性。

（1）SBS 橡胶改性沥青防水涂料，使用前应经试验合格后方可使用，其技术性能应符合以厂要求：

外观：黑色黏稠液体；

固体含量：≥40％；

粘结强度（与水泥砂浆的粘结强度）：≥0.3MPa；

柔度：在－20℃±2℃以下绕 ϕ3mm 金属棒半周，涂膜无裂纹剥落现象。

（2）玻璃丝布（幅宽 90cm，14 目）或无纺布。

1.3.4 防水涂料材料进场的复验

防水涂料进场时应有产品合格证，并按要求取样进行复验，复验项目为；固体含量、抗拉强度、延伸率、不透水性、低温柔性、耐高温性能以及涂膜干燥时间等。这些复验项目均应符合国家标准及有关规定的技术性能指标。

1.4 施工工具及其使用

电动搅拌器、拌料桶、油漆桶、塑料刮板、铁皮小刮板、橡胶刮板、弹簧秤、油漆刷（刷底胶用）、滚动刷（刷底胶用）、小抹子、油工铲刀、笤帚、消防器材。

1.5 操作工艺流程

1.5.1 聚氨酯防水涂料施工工艺流程

清扫基层→涂刷底胶→细部附加层→第一层涂膜→第二层涂膜→

第三层涂膜和粘石渣→蓄水试验

1.5.2 氯丁胶乳沥青防水涂料施工工艺流程

基层处理→涂刮氯丁胶乳沥青水腻子→刮第一遍涂料→铺涂加强层→

铺贴玻璃丝布（或无纺布）同时刷二遍涂料→刷第三遍涂料→刷第四遍涂料→蓄水试验

1.5.3　SBS 橡胶改性沥青防水涂料施工工艺流程：

基层处理 → 涂刷第一遍涂料 → 细部处理 → 一布二涂 → 蓄水试验

1.6　操作要点

1.6.1　聚氨酯防水涂料施工操作要点

(1) 基层处理

用铲刀将粘在找平层上的灰皮除掉，用扫帚将尘土清扫干净，尤其是管根、地漏和排水口等部位要仔细清理。如有油污时，应用钢丝刷和砂纸刷掉。表面必须平整，凹陷处要用1∶3水泥砂浆找平。

(2) 涂刷底胶

将聚氨酯甲、乙两组分和二甲苯按1∶1.5∶2的比例（重量比）配合搅拌均匀，即可使用。用滚动刷或油漆刷蘸底胶均匀地涂刷在基层表面，不得过薄也不得过厚，涂刷量以 $0.2kg/m^2$ 左右为宜。涂刷后应干燥4h以上，才能进行下一工序的操作。

(3) 细部附加层

将聚氨酯涂膜防水材料按甲组分∶乙组分＝1∶1.5的比例混合搅拌均匀，用油漆刷蘸涂料在地漏、管道根、阴阳角和出水口等容易漏水的薄弱部位均匀涂刷，不得漏刷（地面与墙面交接处，涂膜防水拐墙上做100mm高）。

细部构造处的涂膜总厚度应比平面部位厚1/3或1/4。细部构造具体处理方法见本部分（4）中的内容。

(4) 第一层涂膜

将聚氨酯甲、乙两组分和二甲苯按1∶1.5∶0.2的比例（重量比）配合后，倒入拌料桶中，用电动搅拌器搅拌均匀（约5min)，用橡胶刮板或油漆刷刮涂一层涂料，厚度要均匀一致，刮涂量以 $0.8 \sim 1.0kg/m^2$ 为宜，从内往外退着操作。

涂布方法与涂膜防水屋面的相应部分基本相同。所不同的是由于施工场地狭窄，一般应采用短把滚刷或油漆刷进行涂布。

(5) 第二层涂膜

第一层涂膜后，涂膜固化到不粘手时，按第一遍材料配比方法，进行第二遍涂膜操作，为使涂膜厚度均匀，刮涂方向必须与第一遍刮涂方向垂直，刮涂量与第一遍同。

(6) 第三层涂膜

第二层涂膜固化后，仍按前两遍的材料配比搅拌好涂膜材料，进行第三遍刮涂，刮涂量以 $0.4 \sim 0.5kg/m^2$ 为宜，涂完之后未固化时，可在涂膜表面稀撒干净的2～3mm粒径的石渣，以增加与水泥砂浆覆盖层的粘结力。

在操作过程中根据当天操作量配料，不得搅拌过多。如涂料黏度过大不便涂刮时，可加入少量二甲苯进行稀释，加入量不得大于乙料的10％。如甲、乙料混合后固化过快，影响施工时，可加入少许磷酸或苯磺酚氯化缓凝剂，加入量不得大于甲料的0.5％；如果涂膜固化太慢，可加入少许二月桂酸二丁基锡作促凝剂；但加入量不得大于甲料的0.3％。

涂膜防水做完，经检查验收合格后可进行蓄水试验，24h无渗漏，即可明确蓄水检查合格。

蓄水检查合格后，应在涂膜防水层表面铺抹一层厚度 15～25mm 的防水砂浆保护层，并保持已找好的坡度（坡度为 2%）；地漏、穿楼板管道根部位的坡度为 5%。最后在水泥砂浆保护层上，按设计要求铺设瓷砖、锦砖或其他装饰材料面层的施工。

1.6.2 氯丁胶乳沥青防水涂料施工操作要点

（1）基层处理

先检查基层水泥砂浆找平层是否平整，泛水坡度是否符合设计要求，面层有坑凹处时，用水泥砂浆找平，用钢丝刷扁铲将粘结在面层上的浆皮铲掉，最后用扫帚将尘土扫干净。

（2）基层满刮氯丁胶乳沥青水泥腻子

将搅拌均匀的氯丁胶乳沥青防水涂料倒入小桶中，掺少许水泥搅拌均匀，用刮板将基层满刮一遍。管根和转角处要厚刮并抹平整。

（3）第一遍防水涂料

根据每天使用量将氯丁胶乳沥青防水涂料倒入小桶中下班时将余料倒回大桶内保存，防止干燥结膜影响使用。待基层氯丁胶乳水泥腻子干燥后，开始涂刷第一遍涂料，用油漆刷或滚动刷蘸涂料满刷一遍，涂刷要均匀，表面不得有流淌堆积现象。

（4）铺涂加强层

阴角、阳角先做一道加强层，即将玻璃丝布（或无纺布）铺贴于上述部位，同时用油漆刷刷氯丁胶乳沥青防水涂料。要贴实、刷平，不得有折皱。

管子根部也是先做加强层。可将玻璃丝布（或无纺布）剪成锯齿形，铺贴在套管表面，上端卷入套管中，下端贴实在管根部平面上，同时刷氯丁胶乳沥青防水涂料，贴实、刷平。

地漏、蹲坑等与地面相交的部位也先做二层加强层。

如果墙面无防水要求时，地面的防水涂层往墙面四周卷起 100mm 高，也做加强层。

细部构造处理参考本部分（4）中的内容。

（5）铺玻璃丝布（或无纺布），同时刷第二遍涂料

细部构造层做完之后，可进行大面积涂布操作，将玻璃丝布（或无纺布）卷成圆筒，用油漆刷蘸涂料，边刷，边滚动玻璃丝布（或无纺布）卷，边滚边铺贴，并随即用毛刷将玻璃丝布（或无纺布）碾压平整，排除气泡，同时用刷子蘸涂料在已铺好的玻璃丝布（或无纺布）上均匀涂刷，使玻璃丝布（或无纺布）牢固的粘结在基层上，不得有漏涂和皱折。一般平面施工从低处向高处做，按顺水接槎从里往门口做，先做水平面后做垂直面，玻璃丝布（或无纺布）搭接不小于 10cm。

（6）第三遍防水涂料：待第二层涂料干燥后，用油漆刷或滚动刷满刷第三遍防水涂料。

（7）第四遍防水涂料：第三遍涂料干燥后，再满刷最后一遍涂料，表面撒一层粗砂，干透后做蓄水试验。

氯丁胶乳沥青防水涂料的涂布遍数和玻璃丝布（或无纺布）的层数，均根据设计要求去操作，可参照上述方法。

（8）蓄水试验：防水层涂刷验收合格后，将地漏堵塞，蓄水 2cm 高，时间不少于

24h，若无渗漏为合格，可进行面层施工。

1.6.3　SBS橡胶改性沥青防水涂料施工操作要点

(1) 基层处理：同氯丁胶乳沥青涂料做法。

(2) 涂第一遍涂料：用油漆刷蘸SBS橡胶改性沥青防水涂料，满涂刷一遍，要先上后下，先高后低，涂刷均匀，不得有漏刷之处。

(3) 细部处理：在细部构造处，为提高其防水性能和适应基层变形的能力，必须用胎体增强材料进行一布二涂的附加增强处理，涂膜防水层的收头处应与基层粘结牢固，并用密封材料封闭严密，或用涂料重复多遍地涂刷密封。

立管根部、地漏、蹲坑等部位与地面交接处，均要细致地涂刷SBS防水涂料，不得漏刷。

细部构造处理见本部分1.6.4中的内容。

(4) 防水层一布二涂：先将玻璃丝布卷成筒，用油漆刷蘸涂料，边刷、边滚动，边粘贴，随时用油漆刷将布碾平整，排除气泡，玻璃丝市搭接长度不小于5cm（如果需铺两层布时，要将上下搭接缝错开），紧跟着油漆刷在已铺的玻璃丝布上再涂刷一遍涂料，直到玻璃丝布网眼布满涂料，刷涂料后不得留有死折、气泡、翘边和白茬，铺贴要平整。

(5) 蓄水试验：防水涂料按设计要求的涂层涂完后，经质量验收合格，进行蓄水试验，临时将地漏堵塞，门口处抹挡水坎，蓄水2cm，观察24h无渗漏为合格，可进行面层施工。

1.6.4　细部构造操作要点

(1) 用涂膜作防水层时，对于现浇混凝土楼面板（宜掺微膨胀剂）必须振捣密实，并抹平压光，使其自身形成一道防水层。

(2) 穿过楼面板、墙体的管道或套管、地漏的孔洞，应预留出10mm左右的空隙，待管件安装定位后，在空隙内嵌填补偿收缩嵌缝砂浆，且必须插捣密实，防止出现空隙，收头应圆滑。如填塞的孔洞较大，应改用补偿收缩细石混凝土，楼面板孔洞应吊底浇灌，防止漏浆，严禁用碎砖、水泥块填塞。所有管道、地漏或排水口等穿过楼板、墙体的部位，必须位置正确，安装牢固。

(3) 单面临墙的管道，离墙应不小于50mm，双面临墙的穿道，一边离墙不小于50mm，另一边离墙不小于80mm，如图5-2所示。

(4) 待穿楼板管道以及卫生洁具等安装固定、嵌填严密后，就可在楼板结构层上用1∶3水泥砂浆抹成20mm厚的找平层，找平层的坡度宜为1%～2%。凡阴阳角部位，要抹成半径小于10mm的平滑均匀的小圆弧，凡管根部位，要使其周围略高于其他部位，坡度为5%；凡地漏（水落口）周围，应做成略低的凹坑。

(5) 找平层必须平整坚实，不应有起砂掉灰现象。对于高低不平部位或凹坑处，用掺20%的108胶水泥砂浆或1∶2.5～3的水泥砂浆补抹顺平。

(6) 施工前，必须将找平层表面的灰土杂物彻底清扫干净。找平层应基本干燥，一般呈均匀泛白无明显水印时，方可涂布施工。

(7) 厕浴间涂膜防水层构造要求　厕浴间卫生器具剖面图，如图5-3所示。涂膜防水层应刷至高出地面100mm处的混凝土防水台处。轻质隔墙板无防水功能，则浴缸一侧的涂膜防水层应比浴缸高100mm以上。

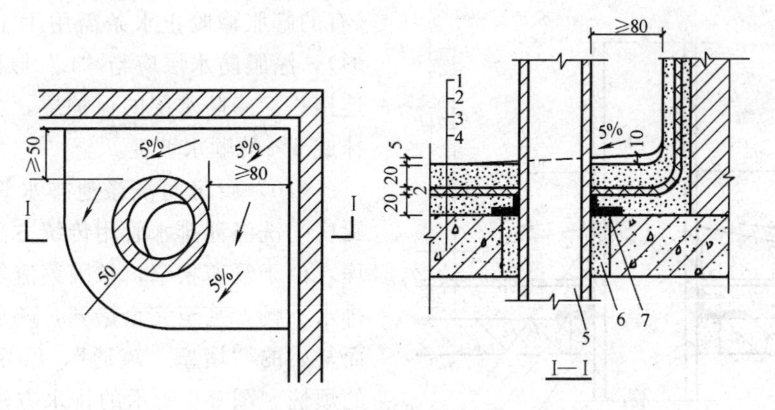

图 5-2　厕浴间、厨房间穿楼板管道转角墙构造示意图

1—水泥砂浆保护层；2—涂膜防水层；3—水泥砂浆找平层；4—楼板；
5—穿楼板管道；6—补偿收缩嵌缝砂浆；7—“L”形橡胶膨胀止水条

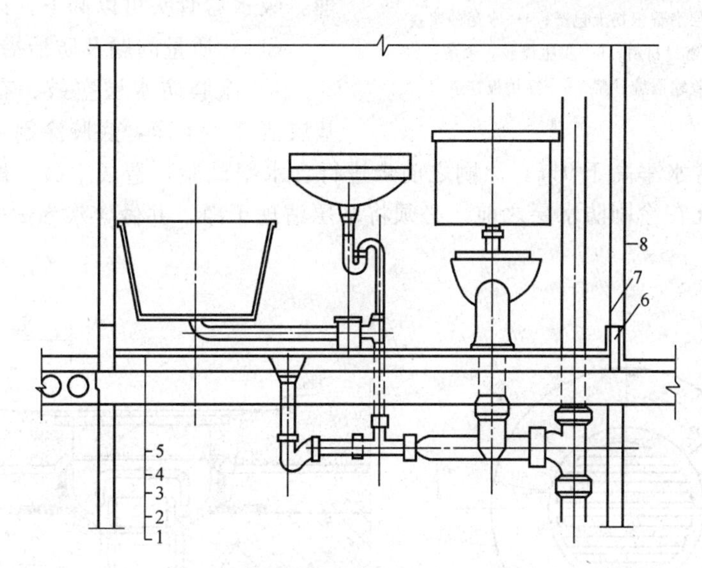

图 5-3　厕浴间防水构造剖面图

1—结构板；2—垫层；3—找平层；4—防水层；
5—面层；6—混凝土防水台高出地面 100mm；
7—防水层（与混凝土防水台同高）；8—轻质隔墙板

（8）穿楼板管道防水做法　穿楼板管道安装定位后，四周嵌填补偿收缩嵌缝砂浆，然后沿管根紧贴管壁缠一圈膨胀橡胶止水条，搭接头应粘结牢固，防止脱落。

涂膜防水层与“L”形膨胀橡胶止水条应相连接（有的膨胀橡胶止水条需用手工挤压成“L”形），不宜有断点。防水层在管根处应拐上包严，且应铺贴胎体增强材料，其拐上的立面涂膜高度不应超过水泥砂浆保护层，收头处用密封材料封严，如图 5-4 所示。

（9）地漏口（水管口）防水做法　地漏口是容易造成渗漏的部位，应进行可靠的防水处理，如图 5-5 所示。

主管与地漏口的交接处应用密封材料封闭严密，然后用补偿收缩细石混凝土（或水泥砂浆）嵌填塞严，接着就可抹水泥砂浆找平层，地漏口杯的外壁缠绕一圈膨胀橡胶止水条

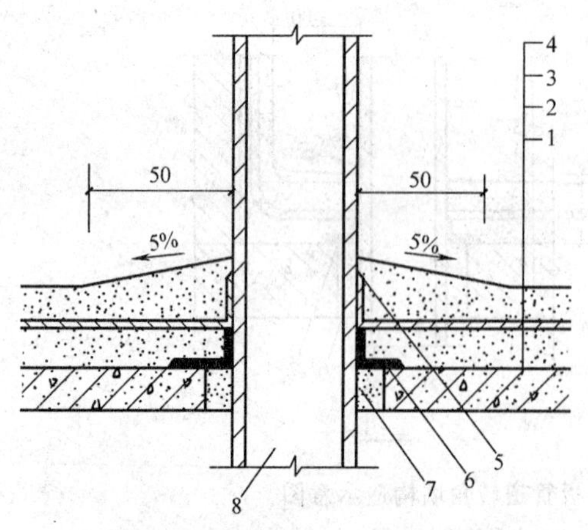

图 5-4　穿楼板管道防水做法示意图

1—钢筋混凝土楼板；2—20mm 厚 1∶3 水泥砂浆找平层；3—涂膜防水层沿管根拐上包严；4—水泥砂浆找平层；5—密封材料；6—膨胀橡胶止水条；7—补偿收缩嵌缝砂浆；8—穿楼板管道

(有的膨胀橡胶止水条需用手工挤压成“L”形)；涂膜防水层应与“L”形橡胶止水条相连接；涂膜防水层的保护层，在地漏口周围抹成5%的顺水坡度。

(10) 厨房间洗涤池排水管排水做法

厨房间洗涤池排水管用传统方法进行排水处理，由于管道狭窄，常因菜渣等杂物堵塞而排水不畅，甚至完全堵塞，疏通很困难，周而复始的“堵塞—疏通”，给用户带来很大的烦恼。图 5-6 所示的排水方法，残剩菜渣储存在贮水罐中，不会堵塞排水管，但长期贮存，会腐烂变质发生异味，所以应经常清理。吸水弯管头可以卸下，以便于清理。

(11) 质量问题及防治措施

1) 涂膜防水层空鼓、有气泡：主要是基层清理不干净，底胶涂刷不匀或者是由于找平层潮湿，含水率高于 9%，涂刷之前未进行含水率试验，造成空鼓，严重者造成大面积起鼓包。因此在涂刷防水层之前，必须将基层清理干净，并做含水率试验。

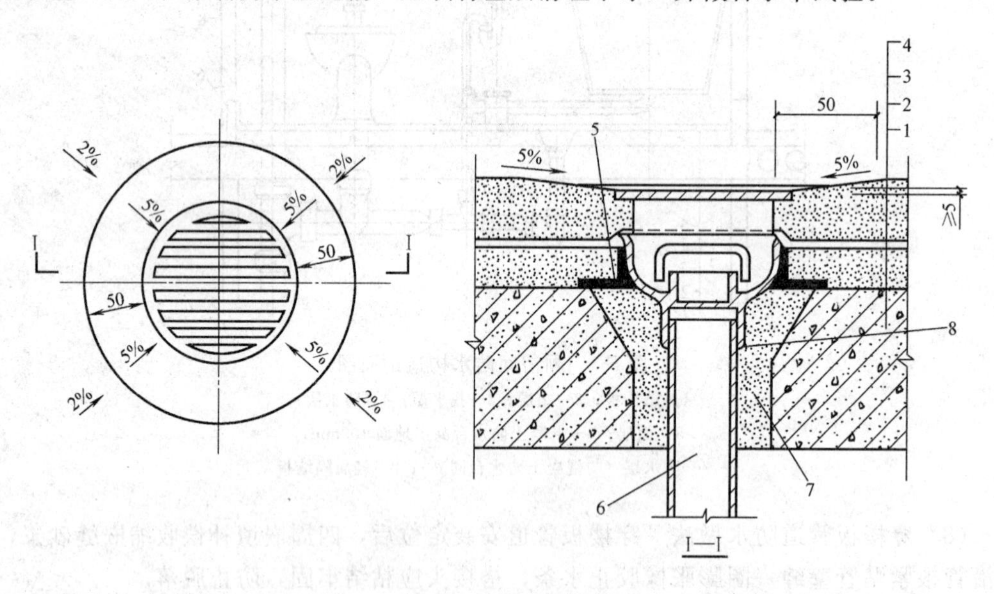

图 5-5　地漏口防水作法示意图

1—钢筋混凝土楼板；2—水泥砂浆找平层；3—涂膜防水层；4—水泥砂浆保护层；5—膨胀橡胶止水条；6—主管；7—补偿收缩混凝土；8—密封材料

2) 地面防水层做完后，进行蓄水试验有渗漏现象：涂膜防水层做完之后，必须进行第一次蓄水试验，如有渗漏现象，可根据渗漏具体部位进行修补，甚至于全部返工，直到蓄水 2cm 高，观察 24h 不渗漏为止。地面面层做完之后，再进行第二遍蓄水试验，观察 24h 无渗漏为最终合格，填写蓄水检查记录。

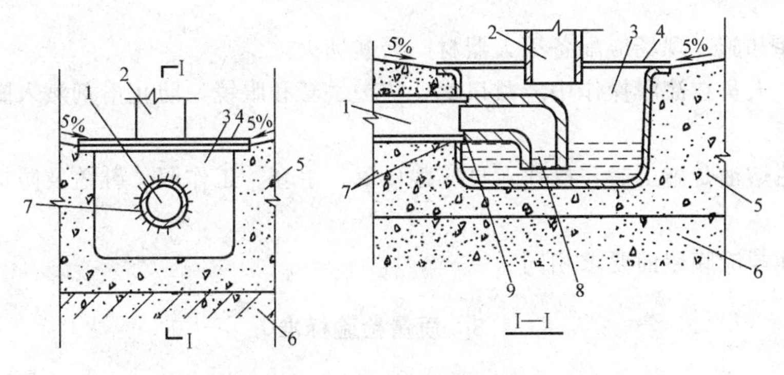

图 5-6　洗涤池贮水灌排水管排水构造侧视图（左图）

1—金属排水管；2—洗涤池排水管；3—金属贮水罐；4—带孔盖板；
5—200mm 厚 C20 细石混凝土台阶；6—楼板；7—满焊连接；
8—吸水弯管头；9—插卸式连接

3）地面存水排水不畅：主要原因是在做地面垫层时，没有按设计要求找坡，做找平层时也没有进行补救措施，造成倒坡或凹凸不平，而存水。因此在做涂膜防水层之前，先检查基层坡度是否符合要求，与设计不符时，应进行处理后再做防水。

4）地面二次蓄水做完之后，已合格验收，但在竣工使用后，蹲坑处仍出现渗漏现象：主要是蹲坑排水口与污水承插接口处未连接严密，连接后未用建筑密封膏封密实，造成使用后渗漏。在卫生瓷具安装后，必须仔细检查各接口处是否符合要求，再进行下道工序。

1.7　成品保护及劳动安全、环保技术措施

1.7.1　成品保护措施

（1）涂膜防水层操作过程中，不得污染已做好饰面的墙壁、卫生洁具、门窗等。

（2）操作人员应穿软底鞋，严禁踩踏尚未固化的防水层。铺抹水泥砂浆保护层时，脚下应铺设无纺布走道。

（3）涂膜防水层做完之后，要严格加以保护，在保护层未做之前，任何人员不得进入，也不得在卫生间内堆积杂物，以免损坏防水层。

（4）地漏或排水口内防止杂物塞满，确保排水畅通。蓄水合格后，不要忘记要将地漏内清理干净。

（5）防水层施工完毕应及时进行验收、及时进行保护层的施工，以减少不必要的损坏返修。

（6）进行面层（或刚性保护层）施工时，严禁施工机具、灰槽在涂膜表面拖动，铲运砂浆时，应精心操作，防止铁锹铲伤涂膜；抹压砂浆时，铁抹子不得下意识地在涂膜防水层上磕碰。

（7）面层进行施工操作时，对突出地面的管根、地漏、排水口、卫生洁具等与地面交接处的涂膜不得碰坏。

1.7.2　安全环保措施

（1）防水涂料及相关的易燃品，应分类储存于干燥、通风和远离火源的场所，由专人

保管发放。

（2）仓库和施工现场应配备灭火器材，严禁烟火。

（3）施工人员在涂膜操作中应戴口罩、防护手套和眼镜，防止溶剂溅入眼内，禁用二甲苯直接洗手。

（4）用热熔油膏施工时，操作人员应戴口罩、手套、工作服、鞋盖及防护镜，避免发生烫伤事故。

（5）其他与涂膜屋面要求相同。

1.8　质量检验标准

1.8.1　保证项目

（1）所用涂膜防水材料的品种、牌号及配合比，应符合设计要求和国家现行有关标准的规定。对防水涂料技术性能四项指标必须经试验室进行复验合格后，方可使用。

（2）涂膜防水层与预埋管件、表面坡度等细部做法，应符合设计要求和施工规范的规定，不得有渗漏现象（蓄水 24h 观察无渗漏）。

（3）找平层含水率低于 9%，并经检查合格后，方可进行防水层施工。

1.8.2　基本项目

（1）涂膜层涂刷均匀，厚度满足设计要求，不露底。保护层和防水层粘结牢固，紧密结合，不得有损伤。

（2）底胶和涂料附加层的涂刷方法、搭接收头，应符合施工规范要求，粘结牢固、紧密，接缝封严，无空鼓。

（3）表层如发现有不合格之处，应按规范要求重新涂刷搭接，并经有关人员认证。

（4）涂膜层不起泡、不流淌，平整无凹凸，颜色亮度一致，与管件、洁具、地脚螺钉、地漏、排水口等接缝严密，收头圆滑。

实训课题　基层满刮氯丁胶乳沥青水泥腻子

一、材料

准备水乳型氯丁橡胶沥青防水涂料、水泥。

二、工具

扫帚，钢丝刷，皮老虎，铁桶，小桶，小平铲（腻子刀），油漆刷，铁皮刮板，胶皮刮板等。

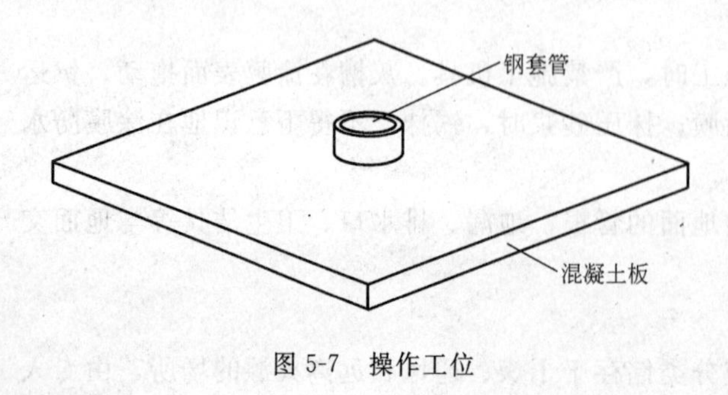

图 5-7　操作工位

三、操作项目、数量

1. 操作项目：基层满刮氯丁胶乳沥青水泥腻子两道。

2. 数量：$1m^2$，满刮氯丁胶乳沥青水泥腻子操作工位如图 5-7 所示。

四、操作内容及要求

1. 清理基层：要求将操作面上的尘土、杂物清扫干净，并检查、修补达标。

2. 配制并涂刷基层处理剂：将涂料适当稀释；先涂刷边角、再涂刷大面，要求涂刷均匀无漏底。

3. 拌制氯丁胶乳沥青水泥腻子：用小桶拌制，用量控制准确，稠度适宜。

4. 涂刮第一道涂层：涂刮两遍，涂层无气孔、气泡等缺陷，涂层平整，适当薄些。

5. 涂刮第二道涂层：待基层氯丁胶乳水泥腻子结硬后进行。涂刮两遍，涂层无气孔、气泡等缺陷，涂层平整，薄且无刮板纹痕。

五、安全注意事项

同单元5·课题1中的相关内容。

六、考核内容及评分标准

满刮氯丁胶乳沥青水泥腻子操作评定见表5-2。

《满刮氯丁胶乳沥青水泥腻子》操作评定表 **表5-2**

序号	测定项目	分项内容	满分	评定标准	检测点					得分
					1	2	3	4	5	
1	基层清理	过程和操作质量	10	无尘土、杂物并检查、修补达标 一处不合格扣2分						
2	配制并涂刷基层处理剂	过程和操作质量	10	配制达标；先刷边角、再刷大面，均匀无漏底 一点不合格扣2分						
3	拌制氯丁胶乳沥青水泥腻子	过程和合理用料情况	20	小桶拌制，用量准确，稠度适宜 一处不合格扣4分						
4	涂刮第一道涂层	过程和操作质量	16	每道涂刷两遍，涂层无气孔、气泡等；涂层平整，适当薄些 一处不符合要求扣2分						
5	涂刮第二道涂层	过程和操作质量	24	每道涂刷两遍，涂层无气孔、气泡等；涂层平整，薄且无刮板纹痕 一处不符合要求扣2～4分						
6	综合操作能力表现及渗漏结果	符合规范操作要求	10	失误无分，部分一次错扣1分						
7	安全文明施工	安全生产、落手清	4	重大事故本次实习不合格，一般事故扣4分，事故苗子扣2分；落手清未做无分，不清扣2分						
8	工效	定额时间	6	开始时间：　结束时间：　用时：　酌情扣分						

姓名：　　学号：　　日期：　　教师签字：　　总分：

复习思考题

1. 为什么说厕所、浴室等用水量大的房间的防水层施工极为重要？
2. 为什么说在厕浴间采用涂膜防水材料比用防水卷材更为适合？
3. 什么是涂膜防水施工？
4. 厕浴间地面涂膜防水构造层次有哪些？

5. 绘出厕浴间防水地面构造图。

6. 厕浴间涂膜防水层施工的作业条件有哪些？

7. 聚氨酯防水涂料的甲、乙组分材料有什么特点？存放、使用时有哪些要求？

8. 聚氨酯防水涂料的技术性能应符合哪些要求？

9. 聚氨酯防水涂膜施工时的磷酸或苯磺酰氯、二月桂酸二丁基锡、二甲苯、乙酸乙酯的作用是什么？

10. 什么是氯丁胶乳沥青防水涂料？

11. 氯丁胶乳沥青的技术性能应符合哪些要求？

12. SBS橡胶改性沥青防水涂料的技术性能应符合哪些要求？

13. 防水涂料材料进场的复验的项目有哪些？

14. 聚氨酯防水涂料施工工艺流程如何进行？

15. 氯丁胶乳沥青防水涂料施工工艺流程如何进行？

16. SBS橡胶改性沥青防水涂料施工工艺流程如何进行？

17. 聚氨酯防水涂料施工时如何进行基层处理？

18. 聚氨酯防水涂料施工时如何进行涂刷底胶？

19. 聚氨酯防水涂料施工时如何进行涂膜层施工？

20. 氯丁胶乳沥青防水涂料施工时如何进行满刮氯丁胶乳沥青水泥腻子层？

21. 氯丁胶乳沥青防水涂料施工时如何进行涂膜层施工？

22. SBS橡胶改性沥青防水涂膜施工如何进行？

23. 用涂膜作防水层时对混凝土楼面板有何要求？

24. 穿过楼面板、墙体的管道或套管、地漏的孔洞施工时如何操作？

25. 对临墙的管道有何要求？

26. 如何进行找平层施工？

27. 厕浴间涂膜防水层构造要求是什么？

28. 穿楼板管道防水做法如何操作？

29. 地漏口（水管口）防水做法如何操作？

30. 你能提出更好的排水做法或防水构造做法吗？

31. 涂膜防水层空鼓、有气泡怎么办？

32. 如何进行蓄水试验？

33. 地面存水排水不畅的原因是什么？

34. 防水层竣工使用之后，蹲坑处仍出现渗漏现象的原因是什么？

35. 厕浴间地面涂膜防水层成品保护措施有哪些？

36. 厕浴间地面涂膜防水层安全、环保技术措施有哪些？

37. 厕浴间地面涂膜防水层质量检验时的保证项目有哪些？

38. 厕浴间地面涂膜防水层质量检验时的基本项目有哪些？

参　考　文　献

1 沈春林．建筑防水工程百问．北京：中国建筑工业出版社，2001

2 中国建筑工程总公司．建筑防水工程施工工艺标准．北京：中国建筑工业出版社，2003

3 中国建筑工程总公司．屋面工程施工工艺标准．北京：中国建筑工业出版社，2003

4 全国建筑企业项目经理培训教材编写委员会．施工项目技术知识．北京：中国建筑工业出版社，1997

5 薛莉敏．建筑屋面与地下工程防水施工技术．北京：机械工业出版社，2004

6 郑金琰．地下工程防水构造设计图说．济南：山东科学技术出版社，2005